酒店會議經營

吳克祥、周昕　編著

總序

資訊技術革命，這場人類社會各方面全面而深刻的變革，導致社會經濟結構、政治體制、人際關係、思想觀念、生活方式都不可避免地處於變化之中。經濟全球化，使得酒店業客源更加豐富，市場更加廣闊。會議型酒店、度假型酒店、主題酒店等，針對不同客源市場的酒店陸續地湧現；酒店的特許經營、集團經營、產業經營、跨國經營的出現促使酒店經營方式多元化發展。

在這新環境中求生存求發展，酒店業必須根據市場客源結構的變化來調整產品結構，提昇酒店的管理和服務水準。更需要酒店業人士、學術界相關學者、專家對酒店管理的現狀進行認真的總結與思考，探索出有利於指導酒店經營的管理理論，為酒店業參與全球經濟競爭，迎接即將到來的嚴峻挑戰做好準備。

希望本書將成為酒店朝向全球市場經營的指導書，並對酒店業的發展有所裨益。

張永安

目錄

1. 酒店會議市場

- □ 會議市場分類
- □ 協會會議的市場特徵
- □ 公司會議的市場特徵
- □ 獎勵旅遊會議的市場特徵

會議市場分類

一、會議市場現狀

　　會議主要是政治、經濟、文化、貿易、交流服務的活動。因西方國家經濟發達，貿易往來、文化交流熱絡頻繁，歐洲和美國等已開發國家常是國際會議的主要舉辦地，亞洲則以日本、新加坡等國為國際會議的主要首選地。會議產業在國際上已發展成熟，國際會議市場成熟的表現可為以下幾點：

（一）國際會議市場蓬勃發展

1. 隨著交通工具的日新月異、通訊科技、資訊技術與世界經濟的穩健發展，促進國際經貿、國際投資等活動的蓬勃發展，商貿洽談、產品行銷活動日益增多。同時，科學技術的精進，使得資訊交流、知識更新成為人們不可或缺的生活內容，會議便肩負起傳遞和學習所需訊息和技術的作用。

2. 全球政治局面的穩定、軍事衝突的減少，使得各國及國際政治組織的作用日益增強。各式各樣的組織成為組織成員交往的樞紐和聯繫的機構，它使相關的會議經濟化、制度化。各種層次的政治性會議對全球秩序的穩定發揮重要的作用。

3. 各國、各地區的語言、文字、教育水準、宗教信仰、消費習慣、價值觀念的不同，使得文化交流成為人們相互瞭解的主要途徑。

　　根據國際大會和會議協會（ICCA）統計，全世界每年舉辦的參加國家超過四個，與會外賓人數超過五十人的各種國際會議有四十萬個

以上，其市場價值超過二千八百億美元。根據有關人士指稱，法國一年至少要辦七百多個國際會議，僅巴黎就占四百多個。

（二）國際會議市場已進入商業化階段

無論是政府、企業，還是民間組織，舉行會議完全是一種商業運作。已開發國家把企業、政府、各種組織的會議活動作為一個重要的產業來經營。專門為會議活動服務的機構和組織已達到相當程度的規模。如：會議中心、展覽中心成為會議的舉辦地，會議服務中心、會議設備租賃中心、會議的翻譯機構為會議提供各種專業性服務。酒店則因為既可作為會議的舉辦地又能提供會議服務，是會議最為理想的場所之一。

（三）中國會議市場潛力巨大

儘管與國際會議市場相比，中國的會議旅遊業尚處於起步階段，專門辦會議的組織還很少，且專業服務人員也不足，但近年來，隨著中國旅遊事業的發展，旅遊產品結構已從單一的觀光旅遊朝向多元化發展，其中會議和獎勵旅遊的發展尤其引人注目。目前，會議展覽、獎勵旅遊業已成為中國旅遊業的重要客源市場。它們以其綜合效益高、客戶層次高，成為旅遊業者們爭相開發的新興目標市場。中國具有發展會議和獎勵旅遊的良好基礎條件：全國三星級以上飯店大多具備接待會議的設施和能力，主要城市具有一批專業化的會展組織人員及場館，再加上豐富的旅遊資源，構成一套完整的會議市場發展體系。巨大的會議市場潛力，尤其是商務會議呈現不斷增長趨勢，跨地區的專業研討會、招商會、洽談會、促銷會以及大型企業和公司的業務會議，使得各地區不斷投入資金，以提昇會議硬體設施，而大、中型城市的會議中心和國際會議中心的落成更是為會議發展奠定了基礎。如：深圳每年一次的高交會，吸引海內外眾多的新興技術企業光

臨，爲深圳酒店業提供了充足的客源。

（四）會議產品對酒店經營影響深遠

會議旅遊具有規模大、客人層次高、停留時間長、涉及相關部門廣、消費水準高、利潤豐厚、回收快等特點。其龐大的市場潛力及高額投資報酬率吸引越來越多的企業及民間組織加入會議市場的競爭中。

會議旅遊巨大的市場潛力讓處於會議接待核心部門的酒店面臨了全新的挑戰。隨著會議市場發展，酒店業紛紛調整自己的產品，除了擴大和完善會議功能，還得提供最先進的會議設施。會議旅遊業的發展，將對酒店以住宿和餐飲爲主要收入來源的觀念提出挑戰，因爲會議旅遊不僅具有一般團隊的消費特徵，同時具有會務活動性質，會議團隊的消費呈綜合性、高級化，這將使酒店收入來源多樣化，其中住宿、餐飲、娛樂、旅遊服務、會議室及場地、車輛、設備租賃及專業人才服務都將成爲酒店會議收入來源的對象。

首先，酒店的會議接待創造可觀的經濟效益。因爲會議旅遊者不僅經費來源可靠，而且消費水準高。他們的經費一般由政府、企業、基金會提供贊助，所以其消費水準也較高。據法國有關資料統計，會議旅遊者的平均消費是普通旅遊者的三倍。

其次，會議接待有利於擴大酒店的社會影響，提高酒店的知名度。會議客人往往來自不同地區、代表性廣泛，會議接待中留下的美好感受會讓他們有意、無意地將酒店介紹給其親朋好友。而參加會議的新聞記者在宣傳報導會議情況的同時，也間接或直接地爲酒店作宣傳。最後，會議接待可調節酒店的淡季市場，因爲會議較少受氣候條件的限制，調查顯示會議旅遊在一年中各月分差別不大，所以說開發會議旅遊市場是充分發揮酒店設施潛力的好途徑。

二、根據會議舉辦者性質分類

　　會議的舉辦者是會議市場的客源對象。按舉辦者性質分類不僅有利於酒店明確鎖定會議市場目標，而且還能掌握會議市場的發展方向。

(一) 協會會議

　　協會是會議市場上最主要的客源。地方性協會、全國性協會乃至世界性協會，如：中國旅遊飯店協會、美國酒店協會、國際旅館協會，每年都要舉辦各種會議。

　　1.貿易性協會

　　貿易會議是指以行業協會和組織帶領，按照行業和產品類別舉行的展覽會，以貿易洽談為主要形式的會議，也常會有商品展覽，會議成員一般都是相關企業公司的行銷人員。這類會議有地方性的會議，也有全國性或世界性的會議。

　　2.職業和科學協會

　　各專業技術和學科領域協會長期以來所舉辦傳統性的會議，通常由學科領導人主持召開，這類協會所涉及的主題範圍很廣。每種行業一般都有自己的協會，如：商業協會、貿易協會、醫藥協會、包裝協會、酒店協會、印刷協會等，這些行業和科學協會每年都要聚在一起進行學術交流、探討和專業培訓。這些會議又可分為以下幾種：

　　　　(1) 教育協會：小學、中學、大學等各類學校教師或其他專業
　　　　　　人員為主要參加者，範圍包括地方到全國的學術活動或創
　　　　　　作活動等方面的協會，如：作家協會、小說家協會等。

　　　　(2) 技術協會：由一定技術職稱的專家和專業特長的人員組成
　　　　　　的專業協會，如：包裝工程協會、製冷協會等定期舉辦的
　　　　　　會議。

（3）聯誼組織：職業以外因爲興趣、愛好、友誼性質所成立的
　　　協會或組織，如：集郵協會、教師之家、橋牌協會、校友
　　　會、各種青年聯誼會等，也都定期舉行會議。

（二）公司（企業）會議

　　公司會議近幾年發展得非常迅速。它是同行業、類型以及與行業
相關的公司在一起舉辦的公司會議。公司會議常是以管理、協調和技
術等爲內容的會議，一般包括以下幾種：

1.銷售會議

　　它無疑是公司會議中最重要的部分。會議內容一般爲新產品介紹
和新興銷售市場的開拓。通常需要推銷者和購買者面對面洽談。全國
性銷售會議一般持續三至四天，地方性銷售會議爲一至三天。召開銷
售會議的因素有以下幾個：

（1）決定公司經營策略。

（2）進行新產品介紹。

（3）研究公司新政策。

（4）徵求銷售技術建議。

　　銷售會議一般由公司的銷售部門或市場部門來安排。隨著經濟改
革的推波助瀾，各行業批發商包括經紀人、行銷商、代理商相繼出
現，以便打開商品的銷售市場和流通渠道，因此這類會議將越來越
多。

　　銷售主管及其職員常和行銷商召開區域性或全國性會議，新產品
介紹也是這類會議的重要議題。在召開行銷商會議時，必須時刻把握
銷售策略和宣傳方針，同時使用特有的廣告方式將新的銷售資訊傳達
到每個角落。銷售會議規模可大可小，小規模的人數可以只有十幾
人，會議的方式可多樣性，如可選擇某一晚上舉辦雞尾酒會；若與會
人數大到幾千人，則需要三至五天的會議時間。

2.技術會議

技術發明和創造的成就是人們難以預料和想像的,近一個世紀來,人類發明了汽車、飛機、太空船、雷射等技術。二十一世紀進入知識經濟時代,因此對現代技術人員的需要每年都在增加,而工程師和科學家們也從未停止努力。他們常透過會議的形式來展示科學和技術的進步情況,以便傳達新的觀念及更新的技術等,這是會議中必不可少的。

3.管理者會議

正像銷售人員和技術人員一樣,公司各級管理者由於他們必須對公司的經營現狀負責,因而也需要經常召開會議,討論公司的經營方針和需要解決的問題,如:公司主管會議、公司董事會議。這類會議時間不長,一般為二天,會議規模很小,但要求能提供便利的會議服務。

4.培訓會議

各層級人員的培訓是許多公司的一項重要活動,包括公司的技術培訓(維修培訓)、辦公室人員培訓(辦公設備操作、打字、速記等)以及銷售人員、中層管理人員和高層管理人員的培訓等。公司職員的培訓會議,根據不同需要可分為公司內部培訓(即在職培訓)和公司外部培訓,一般公司管理人員通常在公司外部培訓。

5.股東會議

公司每年召開非職員會議,即公司持股者的股東會議。隨著改革開放和工商企業股票的發行,股東會議也將隨之增多。

(三)其他組織會議

1.政府機構會議

很多政府部門需要在辦公地點以外的地方舉辦會議,政府舉辦會議的議題較多,涉及面廣,出席會議的人員不只限於政府職員,可能

還會涉及到有關行業、企業的負責人。政府部門召開的各種會議，其經費都是來自行政撥款。很多酒店都開拓政府機構的會議業務，西方各國政府機構及聯合國等組織常在各地酒店召開會議。政府機構組織會議與公司會議是很接近的，酒店需要與組織最高層管理者保持聯繫，如果與權威人事建立了關係，各種小型會議及招待會等就會在酒店舉辦。

2.工會組織和政治團體會議

工會在世界各地都是最主要的經濟力量之一，無論部門、地區性工會還是全國性工會，每年都要舉辦無數次會議。通常工會和政治團體會議每年或兩年舉行一次，它與政府部門會議具有相同之處。工會會議為會議業開闢了新市場。

3.宗教組織會議

各種宗教組織常舉辦會議，它們需要依靠資助或宗教捐贈來籌集會議資金。

這類會議組織幾乎與協會會議一樣，他們有穩定的雇員、志工和管理委員會。他們召開會議通常要有一些人去尋找、推薦會議地點，並由委員會最後決定。這類會議的預先計畫時間要比協會短的多，一般為一至二年。

這類組織有全國性與地方性。如果要和這類組織聯繫，最好從地方性組織開始，一般可在地方性民間部門找到。

三、根據會議活動特徵分類

按會議活動特徵來分類有利於酒店把握會議市場，提供具有針對性的服務。按會議內容來劃分主要有以下七類：

（一）商務型會議

一些公司、企業因其業務和管理工作的發展，需要在酒店召開的

商務會議。出席這類會議的人員素質較高，一般是企業的管理人員和專業技術人員。他們對酒店設施、環境和服務都有較高的需求，且消費水準高，通常選擇與公司形象相符或更高層次的酒店，如：大型企業或跨國公司一般都選擇當地最高星級的酒店。商務型會議在酒店召開常與宴會相結合，會議效率高、會期短。

（二）度假型會議

企業、事業各單位利用周末假期組織員工邊度假休閒，邊參加會議，這樣既能增強員工之間的瞭解，以及企業自身的凝聚力，又能解決企業所面臨的問題。度假型會議一般選擇在風景名勝地區的酒店舉辦。這類會議除開會外，通常會安排足夠的時間讓員工觀光、休息和娛樂。

（三）展銷會議

參加商品交易會、展銷會、展覽會的各類與會者入住酒店，住宿天數比展覽會期長一、二天，同時，還會在酒店舉辦一些招待會、報告會、談判會和簽字儀式等活動，有時晚間還會安排娛樂活動。另外，一些大型企業或公司還可能單獨在酒店舉辦展銷會，整個展銷活動全在酒店舉行。

（四）文化交流會議

民間和政府組織組成的跨區域性的文化學習交流的活動，這類會議常以考察、交流等形式出現。

（五）專業學術會議

某一領域具有一定專業技術的專家學者參加的會議，如：專題研究會、學術報告會、專家評審會等。

（六）政治性會議

國際政治組織、國家和地方政府爲某一政治議題召開的各種會議。會議可根據其內容採用大會和分組討論等形式。

（七）培訓會議

用一個會期（一周或更長時間）對某類專業人員進行有關業務知識方面的技能訓練或新觀念、新知識方面的理論培訓，培訓會的形式可採用講座、討論、展示等方式。

協會會議的市場特徵

一、協會會議形式的種類

（一）年會

對我們來說最熟悉的是協會的年會。很少有協會沒有年會的，有些協會一年還要舉辦一次以上的會議。

參加協會年會的大多數是協會會員，人數取決於協會的大小。有些協會參加人員不足一萬人，而有些協會會員達三至四萬人。大多數年會都要求協會全部成員參加。

另外，一半以上的協會會議是與貿易展覽會結合舉辦，這點對參展者來說是非常重要，因爲這類展覽會大多是由協會主辦或資助，不同於由公司舉辦的展覽會，他們主要目的在於擴大貿易或行業發展。

一般年會會議都包括餐飲。大多數協會組織的會議都在收取登記費時，準備了包括所有會議活動及餐飲在內的票證。對年會來說，要使用多種樣式的房間，包括：大會、用餐、展覽都在內的空間，委員

會、董事會及其他特殊性質的小型會議需用小的房間。另外，套房式或類似的房間常用來做招待用。

大型的協會年會往往一個酒店難以承辦，通常聯合幾個鄰近的酒店共同舉辦。

（二）地區性協會會議

與年會相比，一般地區性協會會議人數較少，所需展覽的空間也小。這類會議是由地區性協會來組織或資助，他們是大多數酒店主要的客源，所以酒店會特別注意這類會議是由誰決定、何時、何地舉辦。

（三）協會的專業會議

很多協會經常為年會會議召開幾次專業性的輔助會議，主要是研討某種特殊或最新發展的情況。這類會議的多寡依據行業的不同會有差異，通常以科學、技術和專業性強的專業會議所占比例較多。

（四）研討會、討論會

協會的這類會議主要是針對會員在某些領域的培訓和在職教育。如：最新的科學和技術、市場發展現狀等，一般會請這一行業的專家與會員共同研討，這類會議在酒店最常見。

（五）董事會和管理者會議

協會的董事會成員，經常需要舉行會議。董事會成員一般為十至十五人，如果是全國性的可多達二百人。董事會會議次數與協會性質有關，這類會議是酒店必須爭取的。

二、協會會議的特徵

（一）周期

　　大多數協會會議是每年舉辦一次，也有一年兩次或兩年一次。地區性協會一年召開二至三次的小會。

　　根據調查，大多數協會會議是從星期日或周一開始，持續到周四或周五。一般在四、五、六、九、十月分舉行。

（二）地理位置限制

　　一般地區性協會會議通常會在當地召開，他們一般不會離開得太遠（三百公里以內）以便於吸引更多會員參加。當然對於協會的主席們來說到哪裡開會是無所謂的。

　　很多地區性協會組織，在地點的選擇上往往限於當地，這主要取決於協會的特徵或對於協會活動的範圍而定。從地理位置上看，會議大多會考慮交通的方便性，對會議組織者來說能便於參加者的進入。

（三）預訂至開會的時間

　　任何一個協會都要提前計畫開會時間，有時候提前一至二年，尤其是那些需要時間來決定會議地點和場所的大型會議。

（四）會議地點的類型

　　協會會議的召開不一定會在固定地點。對會議地點的選擇主要考量有三：一、根據團體的大小、會議的複雜程度、事物的本身性質複雜程度以及會員的影響，很明顯二百個房間的酒店難以接納五百人的會議。二、會議設施、會議空間。三、選擇地點還要考慮運動和娛樂的設施條件，如：高爾夫球場、網球場、游泳池等。

（五）自願參與的會員

因協會會員參加會議都是出於自願的，所以會議組織者需要懂得如何吸引更多的成員參加每年一次的會議，條件包含如下：一、要在業務和專業方面有足夠的吸引力。二、盡可能滿足會員自身業務的需要和他們自身職業的願望。三、會議所在地要有旅遊、觀光或購物的吸引力。

（六）協會會議持續的天數

一般協會會議平均持續三至五天。討論會、委員會會議一般為一至二天。小型地方性協會一般為二至三天。含有展覽會會議一般不超過三天。

三、協會組織

瞭解協會組織有利於我們能針對性地展開行銷工作。協會組織有兩種形式。一類是全國性大型協會組織，有專職、長期的協會管理成員，如：協會秘書長（executive secretary）、副秘書長（executive vice president）、協會主任（executive director）。

協會的管理者們對酒店來說是非常重要的人物，酒店的行銷公關工作往往從他們開始。一般酒店通常備有每一個協會關鍵成員的檔案資料庫。

另一類是小型協會組織，這類組織沒有專職管理者。一般隸屬於某個行業或科研機構下，由其管理人員或專家兼任協會的秘書長等，以下是協會組織的成員：

（一）秘書長（executive secretary）

他是最初提出會議地點或最終決定地點最有影響的人。儘管秘書長的人選，按任期一屆更換一次，但他仍然是最主要的關鍵人物。

在大型協會組織中，往往設有會議計畫人員來協助秘書長工作。每位會議計畫者都是重要的人物之一。

（二）協會（委員會）主席××××

委員會主席根據組織的結構或特徵對某一專案，如某專題的研討會等地點的選擇有著關鍵的作用。

（三）董事會（組委會）××××

組委會往往要做最後的決定，他們推薦的地點往往被秘書長所接受。

公司會議的市場特徵

近年來公司會議舉辦次數比以往任何時候增加得都快，而且表現出巨大的潛力。公司會議與協會會議存在很多相似之處，但又並不完全相同。

一、公司會議地點的選擇

（一）會議地點

會議地點對公司來說是最重要的。旅行的費用意味著公司成本的額外增加，旅行的會議的時間意味著工作崗位人員的空缺。公司會議與協會會議不同之處主要是集中在市中心的酒店、機場旅館和郊區旅館，特別是區域性銷售會議和培訓會議。

但獎勵旅遊性的會議就不同於銷售會議，它要求會議地點具有旅

遊吸引力。在今天無論是歐美已開發國家，還是拉丁美洲、亞洲，越來越多的公司將旅遊作爲一種激勵員工的手段，現在很難發現哪家航空公司沒有設會議獎勵旅遊部門。

會獎部是一個聯絡機構，它向有關部門傳送最終使用者的請求。它還具體處理與獎勵旅遊有關的事宜，如爲獎勵團隊單獨辦理登機手續和訂機位，製作有公司名稱的椅套，爲公司錄影，提供贈品和行李標籤。

會獎部還幫助有關機構進行成本管理、住宿、目的地管理和景點的監督，並與有關部門一起確定票價。

（二）足夠的房間

很多公司不願意在一個會議期間，把自己公司人員分開，因爲這樣它可能會失去很多與會者。能夠在一個酒店容納下所有的與會者對公司來說是特別重要的。儘管有些特別大的會議團體需要幾個酒店聯合接待，但他們的第一選擇還是希望在一個飯店內能容下整個團體。

（三）足夠的會議空間

酒店在接待公司會議時，應詳細討論有關會議室的運用問題，會議室太大或太小都會影響會議的有效性。具備足夠數量的各類大小會議室對於公司會議來說是不可缺少的。

（四）安全

公司會議與其他大多數會議不同，是公司內部的事。會議需要討論，但一般不願讓公司外部的人瞭解。保證會議室的隔音效果和安全，尤其當同行業會議同時在同一酒店舉行時就更爲重要了。

（五）服務

公司會議的召開都是有其特別理由的，他們不願意有任何干擾，

但卻需要優質的服務，他們需要對所承諾的各項服務都能及時兌現。對公司會議來說，除獎勵會議外，其他會議都會再次舉行，酒店優質服務便是顧客能否再次上門的重要因素。

二、公司會議的特徵

（一）會議周期

部分的公司會議有明顯的周期，如：銷售會議、股東會議等每年一次，獎勵會議也有一定周期。但其他大多數的公司會議會根據需要來安排計畫而沒有固定的周期。

（二）從預訂到開會時間

公司會議計畫的周期是相當短的，很少有提前一年的。在獎勵旅遊的情況下，一般最多提前十五個月計畫，最長也不少於兩年，這比大多數協會會議計畫要短的多。

每年一度的銷售會議，通常只是提前一年計畫。由於公司的結構特徵，在選擇會議地點等方面做決定要比協會會議簡單的多。有時公司某中層人員就能做最後的決定。所以計畫的周期短，大多數公司會議一般只需提前三至六個月計畫就可以了。

（三）地理位置特徵

公司會議不同於協會會議，它要藉由選擇好的地點來吸引會員參加會議。公司會議一般都會在其固定的酒店重複舉行會議，除非酒店的服務很差。

公司會議地址的改變大部分經由公司經理以上層級來決定，並根據會議的大小或性質來選擇，公司會議地理位置如下：

1.市中心的酒店：在公司成員都在一個城市時，選擇座落位置方便的市中心酒店，只開會（用餐）不住宿。

2.市郊旅館：進入或停車方便，舒適的環境，輕鬆的氣氛。

3.度假村酒店：是度假會議的選擇地，有時商務會議為遠離城市避免干擾也選擇度假酒店。度假酒店遠離城市，價格便宜，環境優美、安全。

（四）與會者

與會者是公司會議的一個重要特徵完全可以預計到，無論是單人與會還是帶家屬幾乎都是由公司決定，而且對客房的預訂很少有變更。對公司會議一般都應做最大的保證。

對公司會議來說，需要小心安排重點接待「VIP」。如果沒有「VIP」入住，應該對公司的管理人員有很好的招待。

（五）會期

公司會議的會期一般較短，少則一天，大多數為三天。一般情況下都是提前一天的下午或晚上到達以便於第二天開會。一般在公司會議開始前都有雞尾酒招待會。公司會議的結帳時間都是在最後一天的會議活動結束之後。當然這也需提前計畫和安排，如採取何種方式結帳及結帳的時間等。如果在會議期間出現問題時，應把問題提出來，並向會議組織者主管聲明酒店的政策，提出解決問題的建議，或提供解決問題的方法以達成雙方都能接受的安排。

（六）展覽

展覽是協會會議重要內容之一。然而，公司協議也常需要展覽，如：展示新的生產線或新產品。

（七）會議室的要求

根據會議活動的不同，需要安排大小不同的會議室。如：一些管理階層的會議需要小型會議室，一些大會有時則需要分組討論或訓練會議。酒店是否能滿足公司會議對各種會議室的要求，是吸引會議的重要因素。

三、公司會議的決策者

對會議做出決定的權威人士。不僅每個公司不同，而且同一公司每年都有變化，這便要求酒店相關人員對公司內部與會議決策有關的部門有基礎瞭解。

有些公司有專門負責會議計畫的部門和計畫者。如果我們瞭解並直接與他們打交道，工作就變得容易許多。因為這些人員有一定的會議組織經驗，瞭解會議期間需要什麼，並知道該如何去完成會議（見表 1-1）。

銷售部門或行銷部	37％
公司行政處（辦公室）	35％
廣告宣傳／公關部	13％
會議展覽計畫部	7％
人事培訓／發展部	5％
其他	3％
共計	100％

表1-1　公司會議計畫者的部門或位置

（一）總經理

一些會議活動不多的小公司並無設立專門的會議計畫部門。在這類公司中，一般是由總經理或由主席來做決定，但大公司的總經理就很少來參與會議決策了。

（二）銷售部／行銷部主管

市場行銷部主管是關鍵人物。他們負責國內、外，甚至地域性的活動。公司會議是這個部門的重要內容。他們發起並控制會議的召開，決定會議召開的時間或地點。

（三）廣告、宣傳經理

有些公司沒有專門的會議計畫或組織者，而是由中層經理如宣傳部經理來選擇會議地點，擔任會議計畫的角色，組織會議。一般情況下，宣傳經理就能做出最後決定，但有時只有推薦作用，無論如何，與他們建立良好的關係，必定有助於酒店的業務。

（四）公司其他管理者

有時候會議並不是由市場部安排，而是公關部、企業關係部和聯絡部等來參與公司的一些特殊會議的組織。有時候某些管理者被指定負責某一段時間的會議，然後交給其他人。這類會議如：雞尾酒招待會、晚宴等。與這些部門經理打交道，有助於為酒店帶來很多業務。如：股東會議或與公司有商務關係的公共會議。

（五）培訓部主任

很多大型公司都設有培訓部。這些大公司經常需要進行人員培訓，培訓對象為主管級以上的人員，或專業技術人員。其人數通常在二十五至五十人之間，會期為三至五天。

培訓會議主要在當地酒店舉辦，有時也安排到度假村酒店。

（六）其他會議組織者

很多公司會針對公司業務之所需而對職員旅行做出安排，並在期間內安排會議活動，這種情況往往將他們交給旅行社等部門來安排。

一般來說，不同會議計畫者在選擇酒店時有不同的要求，酒店應注意進行調查，作為確定推銷重點的依據。美國旅館業曾對公司會議計畫者和協會會議計畫者選擇飯店所考慮的因素進行調查，調查結果（見表1-2）：

從這個調查表中，不難看出會議團體的需求特點：

1. 會議計畫者選擇酒店時，首要考慮的是酒店的會議接待服務，如：辦理進店與離店手續效率、餐飲服務品質、酒店員工接待會議的經驗，以及是否指定專人負責處理會務等因素，在被調查的會議計畫者中都占有很大比例。其他的服務，如：代買飛機票、火車票、船票、影印、傳真等支援性服務，也是會議計畫者考慮的重要因素。酒店是否提供這些服務以及這些服務的水準及技巧，對於會議計畫者的抉擇有極大的影響。

2. 會議計畫者在選擇酒店時，對酒店的各項設施，尤其會議設施的要求很高，88％的協會會議計畫者都認為酒店「會議廳的數量、大小、品質」為選擇酒店時的重點考慮。對於其他因素，如：酒店的娛樂設施、可供展覽的空間、套房的數量、大小、品質也都有所考慮。

3. 酒店的地理位置及交通狀況，是一個會議計畫者必定要考慮的因素。酒店是否接近機場、其他交通工具的便利性、交通是否方便，這些對於舉辦會議的成功與否起著很大的作用。

4. 表中「設施新穎」一項，被調查的公司會議計畫者只占8％，協會會議計畫者僅占6％。說明通常情況下，會議計畫者所關心的不是設施的新舊程度，而是設施的齊全及設施的功能，一般在會

議計畫者自我實地考察中，對酒店設施的評分占40％，對服務的評分則占60％（見**表 1-2**）。

考慮因素	占被調查公司 會議計畫者比例	占被調查協會 會議計畫者比例
餐飲服務品質	79％	72％
會議廳的服務品質、大小	64％	88％
客房數量、大小、品質	49％	74％
辦理進店與離店手續效率	48％	56％
指定專人負責處理會務	46％	52％
提供支援性服務的可能性	44％	50％
酒店員工有接待會議的經驗	39％	44％
酒店有娛樂設施	27％	22％
其他交通工具的便利性	26％	22％
接近機場	24％	17％
特殊服務的提供	18％	14％
可供展覽空間	16％	44％
套房的數量、大小、品質	12％	24％
接近購物中心、餐館和娛樂場所	12％	20％
設施新穎	8％	6％
辦理付款手續效率	52％	1％

表1-2　公司會議計畫者與協會會議計畫者選擇飯店考慮的因素

獎勵旅遊會議的市場特徵

一、獎勵旅遊的趨勢

在美國和歐洲，激勵和鼓舞員工已蔚然成風氣，且意識到：「一個心情愉悅並受到鼓舞的員工能為公司創造更大的價值。」美國旅館和汽車旅館協會的K. Seelhoff先生說：「你的能力就在於：激勵員工，並透過他們的努力去做好工作。在那裡等待著你去駕馭的是一種潛在力量。」公司對員工的投入包括：現金獎勵、提昇職位和為那些成績卓著者安排獎勵旅遊。

「受到激勵而情緒高昂的員工，能提供出色的服務，而且他們也會因此感到自豪。他們會使督導人員的工作變得越來越輕鬆好做，因為員工們都有一個想法，就是把自己的工作做得好上加好。」

激勵員工已成為一種有利於公司盈利的機制，如：圖譜通訊公司曾協助Fortune的五百家公司實施獎勵旅遊計畫；家長式管理的日本公司，也早已重視對員工實施獎勵。獎勵旅遊是獎賞遵照組織標準做出特殊貢獻或努力的員工，由組織贊助者提供豪華的全程旅遊活動。

實施獎勵旅遊以酬勞員工的做法，在亞洲的許多地方尚屬新制，然而它已經開始發展。由於受到西方商界巨人，如：IBM、微軟及許多製藥業和汽車製造公司的鼓舞，亞洲的許多公司也在嘗試著實施獎勵機制。

香格里拉飯店亞洲集團會獎部主任M. Chu透露：「一九九五年二至六月，該連鎖集團在亞洲接待的獎勵旅遊業務比一九九四年同期上升了65%。」假日酒店董事總經理David Paulson說：「從長遠的觀點來看，用於研究和開拓方面的投資所得來的收益，在人員投資中同樣可以得到。」

一九九五年六月，《亞洲會議與獎勵》雜誌和Temask綜合技術公司在新加坡舉辦的全亞調查中發現，越來越多的亞洲公司，正在轉向採用獎勵方式來鼓舞員工。

　　在被調查的公司中，約有65％採用了某種形式的獎勵措施，其中採用最多的是泰國的公司，印度為最少。只要採用了獎勵措施，公司一方面有可能培育一種它們所期望的企業文化，也就是在公司裡樹立起一種積極向上的精神，藉以增加利潤、擴大銷售和提高勞動生產率；另一方面，又可有效抑制消極情緒，減少曠工和員工頻頻跳槽流動等現象的出現。

　　給予現金獎勵，是一種受人歡迎的激勵手段，其次便是獎勵旅遊和昇職，目前在亞洲只有大公司才採用獎勵旅遊作為對員工的激勵，亞洲各地的保險公司也採用了類似的獎勵措施，但旅遊作為獎勵的手段，其使用範圍已經超出了汽車工業、資訊技術、保險業、製造業和製藥業等。從一九九五年亞洲獎勵旅遊與會議展覽所開列的代表團名單可以看出，參加獎勵旅遊者來自許多其他行業。

　　根據調查顯示：旅遊這一獎勵方式與其他一切獎勵手段一樣，主要是用來鼓舞士氣、提高勞動生產率和增加銷售量。現金獎勵只能滿足下層工作人員的需求。香格里拉的Chu先生認為：「屬於管理階層的專業員工，他們手頭有錢，也有房子和汽車。對於他們，就得採取一種不同的獎勵方式來體現對他們工作的認可」。

　　旅遊具有浪漫的性質，當然是一種與眾不同的獎勵方式。DHL國際快遞（香港）有限公司對其銷售人員採用了現金和獎勵旅遊相結合的獎勵方式。他們從中得出結論：旅遊作為獎勵方案中的一個組成部分，的確使這一手段產生了直接的效果，獲得成功。

　　美國運通公司在八〇年代就開始實施獎勵方案，反映出該公司由市場行銷轉為銷售導向文化的過渡。

　　一年前，公司實施了三級獎勵方案。以保證貫徹對員工們的鼓勵

和獎賞。不論員工能力的大小，都將得到相對的獎勵，當然表現最佳者，將得到最高的獎勵——帶著同伴，去作一次費用全包的度假旅遊，同時還發給一筆零用金。

按照該獎勵方案，百分之百達到標準的員工，將有資格加入百人隊隊長俱樂部，而該俱樂部中10％的佼佼者，將有資格參加大使俱樂部，而其中的出類拔萃者，便可加入傑出人物的總裁俱樂部。一九九六年，公司準備將九十名業績卓著者帶到普吉島去，先在那裡召開銷售工作會議，然後轉往馬來西亞旅遊。

該公司駐日本、亞太和澳大利亞的高級副總裁Lee Soo Jin先生認為：「把銷售人員集中起來，有助於建立起合作精神，而且還有利於互相交流經驗，互相成長。」

獎勵旅遊可以發揚道德、減少員工跳槽、獲取特殊銷售目標，並且有很明顯的推動力。經濟環境對獎勵旅遊有著重要的影響，獎勵旅遊使員工增長，產品和服務銷售增加。

二、獎勵旅遊的特點

獎勵旅遊現在占各公司大型獎勵的10％，而且這個比例還在增加當中。一般獎勵旅遊者常包含被獎勵者全家，這對酒店來說就非常重要。獎勵職員和配偶一起旅遊是公司讓他們感到自己是企業的一部分，酒店應自願幫助達到公司的目標。

有經驗的獎勵旅遊計畫者對許多問題都要進行認真分析，如：決定去什麼地方、進行哪些活動將對獎勵成員有吸引力等。大多數公司都會利用獎勵旅遊的機會，召開各種會議。這些會議主要是提示與會者，我們成功的行銷使企業獲利，公司提供了更多的機會，讓我們繼續努力，投入到公司的銷售活動中。獎勵會議旅遊對會議設施的要求不像其他正式會議那樣高，一般有大廳或是宴會廳的設施，能提供活

動空間就可以了。

獎勵旅遊不超過一周,通常在五天之內。

獎勵旅遊在正式執行前要認真計畫。大型公司在贊助獎勵旅遊時設有專門的旅遊經理負責整個旅程的安排,小公司一般則要求旅行社為之代理。事實上現在大公司的旅遊部門開始脫離出來,成為專門的旅遊組織,逐漸成為一種趨勢。

無論是公司旅遊部門還是旅行社都要為獎勵旅遊活動詳細地與航空公司和酒店談判,安排行李的運輸、食宿和會議以及旅遊和娛樂活動。一般要在團體到達前,將這些提供給真正的會議計畫者。

三、獎勵旅遊五大方向

(一)少花錢多辦事

目前,由於各公司緊縮開支,獎勵旅遊業受到影響。雖然各公司紛紛削減獎勵旅遊的預算,但仍然要求得到與過去相同水準的服務和旅遊節目。美國獎勵旅遊執行者協會現任主席保羅・弗拉基說:「在世界範圍,我們所看到的是縮減的預算和為減少預算而採取的更多措施。人們對價格更加敏感,但對旅遊品質的要求卻保持不變。」在此情況下,創造性就更加重要。

(二)會獎結合擴大交流

弗拉基說:「兩年前,獎勵旅遊業和會議旅遊業之間是黑白分明的,但現在兩者卻相互交叉了。」造成這種結合的原因包括:對價格的敏感、會議帶來的稅收減免以及越來越多在家上班人員需要有機會與其同事會面。

「個人工作室」(即任何有一台電腦和數據機的地方)的發展也將對獎勵旅遊造成多方面的影響。這種發展給獎勵旅遊專業人員帶來了

一個設計新計畫的機會，此機會旨在把這些分散的同行人員聚在一起，在一種有益的氣氛中形成一種關係網。

（三）創造團隊精神

　　創造團隊精神的活動在獎勵旅遊中也越來越受歡迎。一位邁阿密海灘酒店的負責人說明，他們公司屬下的酒店不得不擴充設施，增加更多的會議室和相互交流切磋的場所。如今公司組織獎勵旅遊不僅僅是為了娛樂，更重要的目的是讓參加者參與，使整個旅遊成為一種團隊精神創造活動。這就是挑戰，接待單位不但要安排重要的主題晚會，而且還要研究如何使參加者儘可能地參與。

（四）個人、家庭獎勵旅遊開始興起

　　新技術給獎勵旅遊業帶來了新氣象。多媒體光碟使獎勵旅遊專業人員和他們的客戶能在辦公室視察活動場地情況。獎勵旅遊的新趨勢：個人獎勵旅遊變得更為普遍，但集體獎勵旅遊並未受到影響，更多的人要求安排家庭獎勵旅遊。

（五）綠色獎勵專案更加重要

　　在決策過程中，環境問題正起著更重要的作用。獎勵旅遊執行者協會成立了一個環境委員會，並把綠色獎勵專案的定義為：透過資源再利用和自然資源保護等手段而獲益的、對環境不構成損害的推動性專案。

2. 酒店會議產品

□ 酒店會議經營的原則

□ 酒店會議產品的構成

酒店會議經營的原則

一、滿足大量客戶會議需要的原則

由於經營會議的酒店客流量較大，不但有住宿客人，還有外來參加會議的客人，因此，它的廳堂面積比同等普通酒店要大一倍左右，比度假酒店要大30％。由於有大量的非住宿客人，酒店餐廳和酒吧的容量又要比上述酒店大10％～15％。其購物設施也要比市區、郊區或機場酒店大50％。

會議和多功能設施要比一般商務酒店大一倍，比度假酒店多三分之一。為了推銷會議和提供輔助服務，會議酒店的行政區面積比市區酒店和度假酒店要大15％，其辦公室面積比酒店大25％。

主要會議廳之間的連結要方便於參加會議或展覽的客人在宴會廳和展覽廳之間以及會議廳和分組會議室之間的流動。如果上述設施中有的設施分散在不同樓層，則需要在各個會前集合區之間設置自動樓梯和視控裝置。

會議酒店需要最新的視聽技術，包括電話會議設施、投影室和投影設備以及音響設備等。在開國際會議的地方要備有同步翻譯設備、可調節燈光和變光設備、活動舞台、講台、舞池以及活動隔音牆板（可以根據需要將多功能間分隔成靈活的小間），在會議廳、分組會議室和董事會會議間還要有移動黑板、連續圖表軌、圖釘板和移動講台。一個普通的會議廳既可以用來開大型會議又可以分隔來用於分組活動，既可以放置會議桌也可以安排演講座位。宴會廳和會議廳的高度要考慮視聽演講所需的投影視線高度，力圖給人一種寬敞的感覺。由於會展旅遊的發展，一些以接待遊客為主的酒店，紛紛改造，以增

加專業性強的會議設施，並建立能適應現代商務會議需要的會議室。一些酒店不僅安裝了視訊電話、會議電視等智慧型會議設備，而且還配備了能上網的電腦以及先進的同步翻譯系統等。

適宜的燈光可以給會議廳一種舒適的感覺。會議廳要用日光燈和白熾燈。日光燈適於讀書寫字，白熾燈可以創造一種柔和的氣氛。會議廳往往要加設軌跡燈，適用於沿牆的單獨台面。

二、符合會議特徵的經營原則

酒店經營會議應根據會議規模大、規格高、要求多、更改頻繁的特點來經營。

1. 會議的環境、氣氛等有利於會議目標的實現。
2. 配有會議服務經驗或熟練的服務人員以及有會議組織經驗的專門人才。
3. 酒店的設施能滿足會議的要求，包括：房間、會議室、設備、展覽廳及休息廳等。
4. 酒店應充分利用當地酒店或當地區的運動專案、文化活動、旅遊景點、娛樂活動、商務中心、餐館等來吸引或方便與會者。
5. 充分為與會者提供交通方便，包括：與會者乘車、船、飛機來回的方便和會議期間提供的方便。
6. 能滿足會議贊助單位或主辦單位對會議場所的要求。
7. 注意會議地點的氣候、溫度及季節性的活動。
8. 會議地點的風土人情和習俗對會議的影響。
9. 滿足與會者家屬或同伴的休閒活動需要。
10. 會議所在地方政府有關政策，如：對外地車輛的管理、貨運的限制、保險及稅收政策等。

11.酒店業務、客務（預訂、行李）、餐飲、房務、財務和安全等
　　各部門要通力合作。

三、充分滿足會議消費需要的原則

　　會議與展覽被公認為旅遊業中利潤最豐厚的產品。與會者不僅要
住宿、用餐，而且還在娛樂、旅遊和購買等方面有自己獨特的消費需
求特徵。

　　下面有關會議活動開支的介紹將有助於酒店經營人員對會議活動
消費的瞭解。

（一）顯性開支

　　顯性開支是指較為明顯的開支專案。

1.交通費用的正常開支。
2.視聽設備的租賃費。
3.餐飲開支、宴會及雞尾酒會開支。
4.廣告宣傳費。
5.會議室等場所租用布置費。
6.工作人員加班費、小費及其他服務費。
7.會議活動正常開支。

（二）隱性開支

1.管理費用的增支：如：文具、郵資、電話費、信函的增加開
　　支、旅行過程中的增加開支。
2.免費登記，會議邀請：貴賓無須登記和無須支付食宿費和贈送

禮品的費用。

3. 偶然性開支：大多數會議計畫都需做10％左右的偶然性開支預算。

4. 通貨膨脹因素對開支的影響：會議計畫的時間越長，通貨膨脹因素影響就越大。如：車船、飛機等運輸工具的漲價會影響到會議開支。

5. 保險費用：會議期間因時間和地區的不同對所需要保險的專案和保險金額要求不等。

（三）會議不同階段的開支

1. 會前各項準備工作費用
   （1）管理費用：文具郵資、電話服務、辦公設備（租金等）、速記服務等各項費用。
   （2）計畫費用：組織者的籌備費用、計畫費用。
   （3）與會議相關的資料、簡報等費用。
   （4）宣傳費用：資料列印服務、郵資與郵寄服務費用、文化娛樂活動和旅行費用、公關費用等。

2. 會議期間的各項費用
   （1）管理費用：供應品（大會徽章、會議簽到、會議紀念品以及會議手冊）、運輸費用、貯藏費用、保衛、設備、保險、速記、職員旅費等。
   （2）會議活動費用：演講者和與會者的費用、設備租金、場地租金、會議用品的購置費用、娛樂費用、餐飲費用、交通費用及其他服務費用。

3. 會後各項費用
   ○管理費用：交通費用、運輸費用、印刷費用（會議報告和總結）、報告準備費用、郵資、會議評估過程費用。

以酒店來說，要儘可能與會議組織者協定，利用自己的專業人員來爲會議活動服務，如：會議宣傳資料、文化娛樂活動安排等。

（四）瞭解會議開支項目及分配比例

瞭解不同會議開支的比例有利於酒店與會議組織者合作，使會議服務達到最佳水準。

會議開支項目的百分比受會議類型的影響，不同類型的會議，其主要開支項目是不同的。如：在本地區舉辦研討會，其開支主要是餐飲和場所；而全國性乃至國際性展覽會，其主要專案就是交通和場所費用。另外，會議開支還與會議召開的天數有關。如：會議時間長，則場所費用所占比重大，如：會議開的時間短，交通費用所占比例就大。一般會議要求三至四天。

假定會議的總開支數爲100％，下面是根據不同類型會議所總結出來的會議預算項目的百分比。而每項開支在會議總開支中都占有一定的比例，並且這一比例因會議類型的不同而有所變化（見表2-1）。

1.交通費用是指與會者和隨行物品所需的車、船、飛機的票價費用和手續費、保險費等一切附加費用，當地與會者使用小汽車時計算油費、停車費等，包括接站、送站等費用。交通費用受選擇地點及交通工具的影響。會議的交通費用一般是由與會者單位或個人支付，而不是由會議組織者來承擔。但是，交通費用的高低，直接影響在與會者的出席人數，所以會議組織者在進行會議預算時首先是對交通成本的預算。瞭解整個會議交通費用的總數和每人平均交通費用，以及在整個會議活動中將占多大的比例。交通費用無論是單位（企業）支付，還是個人負擔，都應作爲規劃會議預算的基礎。

2.場所費用是指住宿和會議室以及其他場所的費用。

項目	國際（%）	國內（%）	本地（%）
交通	35～60	30～35	5～10
場所	20～25	25～30	40～50
餐飲	20～25	10～25	10～20
會議活動	5～20	10～20	15～20
管理	3～12	10～15	5～15
招待	2～4	2～5	2～5
娛樂	5～12	2～5	2～5
公關宣傳	1～7	5～10	5～15
其他	2～12	2～10	2～10

表2-1　會議預算項目的百分比

3.餐飲費用包括一般用餐、宴會用餐、酒會等形式的費用。

4.會議活動費是指會議整個活動程序的安排、組織等一切費用。

5.管理費用是指會議行政組織管理開支和組織人才、物力的費用。

6.招待費用是指開會費用以及其他執行形式的費用。

7.娛樂費用指一切娛樂活動的開支。

8.公關、宣傳活動的開支和資料、報告、列印、印刷等開支。

9.另外還有其他費用和不可預測性開支。

酒店會議產品的構成

一、酒店產品

　　儘管不同的會議需要酒店不同的設施來構成，但是酒店產品是構成會議產品的基礎。我們必須對酒店產品有較全面的瞭解，才能充分利用現有條件組合酒店會議產品。

（一）酒店產品的概念

　　從市場觀念的角度說，酒店產品的概念所包含的內容更廣泛，廣義的酒店產品是向市場提供的、能滿足人的某種需要和利益的物質產品和非物質形態的服務。物質產品主要包括產品的實體及其品質、特色、品牌等，它們能滿足賓客對使用價值的需要。非物質形態的服務主要包括產品形象、品質保證、聲譽等，給賓客帶來利益和心理上的滿足和信任感，具有象徵性價值，能滿足人們心理上的需求。這種對酒店產品的理解，有利於我們充分利用現有設施來為會議服務。

（二）酒店產品的構成

　　行銷學家梅德里克（Medlik）將產品分成以下幾個組成部分，它們是：

1. 地理位置：酒店的地理位置的好壞意味著可進入性與交通是否方便，周圍環境是否良好。有的酒店位於市中心、商業區，也有的位於風景區或市郊，不同的地理位置構成了酒店產品某些內容上的不同。

2. 設施：包括客房、餐廳、酒吧、功能廳、會議廳、娛樂設施

等，酒店設施在不同的酒店類型中，其規模大小、面積、接待量和容量也不相同。而且這些設施的內外裝潢、表現的氣氛也不一樣。酒店設施是酒店產品的一個重要組成部分。

3.服務：包括服務內容、方式、態度、速度、效率等，各種酒店的服務種類、服務水準是不可能完全相同的。

4.形象：它是指客人對酒店產品的一致看法，它是由酒店設施、服務和地理位置等多個因素共同創造的。

5.價格：價格既表示了酒店因其地理位置、設施與設備、服務和形象給予客人的價值，也表示了客人從價格反映產品的不同品質。

（三）酒店產品分析

　　許多經營管理人員認為完全瞭解自己酒店的設施和服務，並清楚它們的特點及吸引之處。

　　但是如果根據產品逐項分析，往往發現自己忽略許多重要的小地方。此時，必須先行分析自己銷售產品的狀況和特點才能採取適當的行銷活動。必須詳細瞭解酒店產品的以下情況：

1.酒店的規模（酒店的面積、樓層數、最大接待人數）。

2.設施：各種設施的規模、數量、類別、建築、布局、裝修、樣式、新舊程度、氣氛、在本地區酒店業中的地位。

（1）客房數：＿＿＿＿＿＿＿＿　　停車設施：＿＿＿＿＿＿＿

（2）餐廳座位數：＿＿＿＿＿＿　　咖啡廳座位數：＿＿＿＿＿
　　　酒吧座位數：＿＿＿＿＿＿

（3）宴會、會議廳的公共區域，可容納人數
　　　功能廳：＿＿＿　會議容納人數：＿＿＿＿　用餐容納人數：＿＿

（4）酒店中提供哪些體育娛樂設施：＿＿＿＿＿＿＿＿＿＿

3.酒店的所在地：交通進出的方便性，附近有哪些企業、商場和
  旅遊名勝。

　　（1）城市人口：＿＿＿＿＿＿＿＿＿＿＿＿＿＿＿＿＿＿＿＿

　　（2）附近有什麼企業、商業中心和吸引之處：＿＿＿＿＿＿＿＿

　　（3）附近有什麼公路、高速公路和機場：＿＿＿＿＿＿＿＿＿＿

4.生意忙閒的時間

　　（1）酒店生意繁忙的時間

　　　　　每年什麼季節 ＿＿＿＿＿＿＿＿＿＿＿＿＿

　　　　　每周哪幾天 ＿＿＿＿＿＿＿＿＿＿＿＿＿

　　　　　每天什麼時候 ＿＿＿＿＿＿＿＿＿＿＿＿＿

　　（2）酒店生意最清淡的時間

　　　　　每年什麼季節 ＿＿＿＿＿＿＿＿＿＿＿＿＿

　　　　　每周哪幾天 ＿＿＿＿＿＿＿＿＿＿＿＿＿＿

　　　　　每天什麼時候 ＿＿＿＿＿＿＿＿＿＿＿＿＿

5.酒店主要的客人

　　（1）經濟富裕的高級公務客人。

　　（2）一般公務客人。

　　（3）會議客人。

　　（4）家庭度假和旅遊團隊。

6.酒店的氣氛

　　（1）寧靜和高雅的。

　　（2）商業性和高效率的。

　　（3）外表華麗而價格昂貴的。

　　（4）娛樂和輕鬆的氣氛。

7.酒店設備客觀狀態

　　（1）乾淨、現代、合適。

　　（2）老式但保養良好。

（3）較新但需油漆。

（4）陳舊、老式。

（5）設施陳舊，需要全部裝修。

8.酒店建築和布局分析：以下各點對經營、對賓客有什麼不方便的問題。

（1）廚房和服務面積比例。

（2）貨物人口和驗收面積、方便、安全。

（3）酒店公共區域面積、人流量與分析。

（4）各部門貯存面積。

（5）餐廳、會議設施與客戶人數比例。

（6）停車面積。

（7）客房面積。

9.酒店的裝修分析

（1）裝修費用。

（2）酒店的外表與經營成本和價值是否相適應。

（3）餐廳設計、氣氛和經營與客人願望是否相適應。

（4）客房裝潢是否符合客人要求。

10.酒店的服務分析

（1）各部門服務人員人數。

（2）服務人員文化、服務技術水準。

（3）服務專案是否健全，缺少哪些服務專案。

（4）服務人員的工作責任心、積極性。

（5）服務人員的工作效率。

（6）服務人員的禮貌、禮儀和外表。

11.綜合以上所述，酒店的設施和服務有哪些長處和缺點，與賓客的需要有哪些重大差距。需要注意的是：酒店產品分析的情況應該與會議需要分析相結合，弄清楚本酒店現有的設施和服務

是否能滿足會議市場的要求，如何能使設施和服務適應會議的
需求，這種資訊對於組合會議產品、制訂價格和採取行銷活動
十分有價值。

二、酒店會議產品組合

會議產品是根據會議活動的特徵和需要所設計。酒店會議產品構
成不僅要充分利用酒店現有設施，而且根據會議需要補充和租用酒店
外設施，不僅要充分利用酒店的現有服務能力提供接待服務，而且還
要根據會議需要提供會議的專用服務。

（一）會議室

一般酒店均有多間大小不一、功能不同的會議室，以適應各種會
議的需求。

1.會議室空間

根據會議型式的不同，因此對會議室的空間要求不同。人數較多
的大型會議，宜選擇空間大的會議室以顯示其規模及氣派，避免給人
壓抑感而影響會議的效果。一般小型會議，要求會議室高度在三公尺
以上。而時裝表演、大型產品展示會等因需臨時搭建舞台，對會議室
高度的要求在五公尺以上。還有的會議需要安裝大型多媒體投影螢
幕、電視牆，這對會議室空間的高度都有特別要求。

2.會議室面積

（1）參加會議人數的多少決定著會議組織者租用會議場地的大
　　　小。

（2）不同會議要求不同的台型，因而對場地的大小要求不同。
　　　根據客戶的需求，酒店會議銷售人員可以為客人提出專業
　　　建議。按照國際慣例，會議廳以戲院式布置為例，每個人

所占面積可按○‧八～一‧二五公尺計算，便可知需要租用多大面積的會議廳。以圓形桌布置為例，每個圓桌之間的距離應保持在二公尺左右。表2-2所列會議場地根據不同台型的要求，列出可容納的人數，可供參考。

宴會廳名稱	面積（m²）	可容納人數（最低～最高）								
		戲院式	教室型	長方	長方中空	圓形	圓形中空	U形	站立式酒會	西式自助宴會
××廳	750	160～500	80～250	40～60	40～60	80～250	16～22	20～40	200～300	80～200
××廳	130	80～150	35～80	25～30	30～40	30～60	16～22	30～35	60～100	30～50
××廳	70	30～60	20～30	15～24	30～40	20～30	16～22	15～21	20～30	20～24
××廳	50	20～30	15～20	8～15	30～40	10～20	16～22	9～15	10～20	20～24
××廳	55	25～40	18～24	15～20	30～40	20～20	16～22	15～18	10～20	20～24
××廳	70	25～60	20～30	15～25	30～40	20～20	12～14	15～21	30～40	30～40
××廳	60	25～50	18～24	15～25	30～40	20～20	12～14	15～21	30～40	30～40

表2-2　酒店會議廳資料一覽表

　　有的酒店擁有可容納千人以上的大型會議廳，儘可能出租場地，在裝修時都設有活動隔板，可根據客戶的要求，臨時隔成小間或進行組合。但要注意隔音效果。

　　3.會議室的設施裝修、裝飾特點與功能

　　（1）多功能會議室：裝修考究，地毯、壁紙（布）、燈飾等質地優良、色調協調，顯示出中式或西式風格。但其他裝飾往往簡潔，以適合舉辦不同類型的會議。這類會議廳，多設大幅背景板和活動舞台，根據具體會議再行布置。

　　（2）主題會議廳：酒店大型會議廳裝修、裝飾鮮明地突出國家

或民族的特色。以北京長城飯店大宴會廳為例，承襲了中國昔日皇宮的建築風格，金柱紅牆，鑲有精緻的木框裝飾，高大寬敞。兩面牆上各有一幅山水國畫交相輝映，九組晶瑩剔透的水晶吊燈把大廳點綴得更加宏大、堂皇，極具中國氣派。因此，這裡多次舉辦過盛大的國宴。

（3）其他會議室：根據會議廳面積的大小，酒店從其功能方面考慮，在裝修時就預先安排。如：牆上安裝投影螢幕、天花板上安裝多媒體投影機、多個電腦插孔等等，用於培訓會議、產品發表會等。

會議組織單位可根據需求，選擇功能不同的會議室。

4.會議服務

服務也是一種產品。酒店提供的會議服務包括會前的準備工作和會議期間的服務。

（1）會前準備

· 深切瞭解會議安排單，要知道人數、會議時間、公司名稱、主辦人、會議性質、設備及飲料要求或其他特殊要求。

· 根據任務單布置場地，如：台型、人數、設備、麥克風等。

· 會議擺放一定要把各用具對齊，而且要把廳房窗簾拉上。

· 按任務單將各類飲品準備好（會議中段的休息有咖啡、茶和餅乾，要另備一張檯，把咖啡杯等用具準備好）。

· 客人到前半小時把會議所需文具用品備齊擺放好。

· 如果客人會議過程都是喝咖啡、茶，應另外在廳內準備一張檯，擺放用具。

· 安排服務員到電梯口帶位。

‧做好一切準備工作，站於門口迎客。

（2）會議期間的服務

‧客人到時主動上前問好，幫客人拉椅。

‧問客人喝咖啡還是喝茶（此時應拿著咖啡壺或茶壺問）。

‧指導客人如何使用設備和如何調節房間的光線（大多數
客人不喜歡會議期間服務員在廳房內，故要教客人使用
設備。但大型會議，服務員應幫客人使用設備和調節光
線）。

‧客人全部就坐，所有茶水倒過後，服務員退出廳房，關
上門，在門外當班（不能隨意走開）。

‧所有工作中的服務員經過有會議之廳房時，應儘量把聲
音減小，以免影響客人。

‧每半小時進廳房給客人添加飲料、換煙灰缸，但一定要
禮貌、輕聲、快捷，儘量避免影響客人（現多用瓶裝礦
泉水，避免打擾會議進行）。

‧如客人有其他要求應儘量幫助客人解決。

‧如有會議中段休息，應在休息前二十分鐘把咖啡、茶和
餅乾準備好。

‧在客人中段休息時上好咖啡、茶後，把會議廳檯面收拾
好（換煙灰缸、加冰水等），但不能把客人的資料、物品
弄亂。

‧客人休息完，繼續開會，應把門關上，收拾檯面。

‧會議期間需要離開崗位一定要安排代替人員。

‧安排單通常會指出會議的結束時間，在結束前一小時，
應先把帳單打好。

‧會議結束後與客人結帳或簽單，並檢查各類設備。

‧向客人道謝，提醒客人勿忘隨身物品。

．把各類用具分類收拾，會議設備按指定的地方放好。

．會議中如有設備失靈應向客人道歉並馬上通知主管，由
主管通知工程部維修或更換一套設備。

．如發現客人遺忘物品，要立即與客人聯繫，儘快物歸原
主，如客人已離開，可交由主辦單位代為轉交，但需轉
交手續。

5.會議場地成本

酒店計算場地成本是根據會議室面積計算分攤的空調、水、電成
本。會議主辦單位在租用會議室可以考慮以下成本問題：

（1）如無其他消費，僅租用酒店會議室，酒店會要求付會議場
租，不再加收服務費，但要注意：場租不包括任何茶點，
如需食物和飲料必須另外收費。

（2）如在酒店其他餐廳用餐，而又同時租用宴會廳開會，也必
須支付會議室的全部場租。

（3）產品展示會／展覽，酒店將加倍計算場租，對組織者需要
的布置和拆除時間要收場租。要求提供額外的電力和空
調，需根據耗電量加收費用，電器裝置成本費用也由會議
承辦單位負責。

（二）會議設施及租用

會議組織者在租用酒店會議室前，要儘量瞭解和爭取酒店免費提
供的會議設施，以降低會議成本。

1.酒店一般會免費提供以下標準會議器材及設施

（1）掛紙板。

（2）白板和白板筆。

（3）便條紙和鉛筆。

（4）演講台。

（5）投影機。

（6）螢幕。

（7）雷射指揮棒。

（8）立式／衣領式／無線麥克風。

（9）移動舞台。

2.除此之外，會議若使用以下器材和設備，酒店將根據成本收取
租金（見**表2-3**）。

同步翻譯系統	220,000
多媒體投影機	12,000
大螢幕放映機	6,000
電子書寫板	2,000
專業音響系統	6,000
錄音機	800
錄影機及33吋電視機	3,000
35mm遙控幻燈機	1,000

表2-3　器材租金表　　　　　　　　　　　　　　　　單位：元

以上租金僅指器材和設備的使用，技術操作人員費用另計。除此
之外，如客戶還要求使用其他設備，酒店應儘量設法滿足，但同樣要
按成本收取租金。若需向外租借，因酒店要求擔保，所以收費價格要
加高50％～100％。

（三）會議專項服務

會議客戶除租用會議室及相關會議設施外，還可根據需要，要求

酒店提供專項服務，以突出會議主題，烘托會議的氣氛。

　　1.會場裝飾

　　會場裝飾有鮮花／植物、紅地毯、簽到本、指示牌等（見表2-4）。

　　2.禮儀／接待小姐、攝影師

　　禮儀／接待小姐，攝影師的價格（見表2-5）。

　　3.樂隊表演

　　會議中的樂隊表演（見表2-6）。

　　需要店外供應商製作的，酒店將加收服務費。

小型餐桌插花	240
中型餐桌插花	320
大型餐桌插花	440
長型餐桌插花	320
胸花（每朵）	160

表2-4　花飾（每個）價格表　　　　　　　　　　　　單位：元

技術人員（半天）	400
禮儀小姐／每人（每小時）	400
攝影師（每小時）	2,400
影印每張（A4）	8
ALL PRICES ARE SUBJECTTO 15% SURCHARCE 所有價目另加15%服務費	

表2-5　特別服務價格表　　　　　　　　　　　　　　單位：元

古箏	（第1小時）	4,800
4人樂隊	（1小時）	10,000
	（2小時）	20,000
2人樂隊	（1小時）	8,000
	（2小時）	14,000

表2-6　音樂表演價格表　　　　　　　　　　　　　　　　　單位：元

（四）餐飲

餐飲服務是舉辦會議能力的標誌。分為以下幾種情況：

1.冰水、茶點

如會議需要冰水，酒店會免費提供。如會議組織單位要求茶點，酒店會在會議室的一角布置專門的茶點檯，放上咖啡、茶、餅乾等小點心和杯盤，供與會者在會議中段自由取用。但越來越多的會議組織單位，不喜歡會議被打擾或有酒店服務員在場，因而不在會場中專設茶點檯，而另闢休息區域擺設茶點，供客人在會間休息時取用，因此茶點較前者豐富多樣，如：可根據會議的主題，設中式茶點、泰式茶點、法式茶點等，食物、飾品、茶具甚至服務員的服飾都要契合，以便烘托會議的氣氛，讓與會者感覺新穎而產生深刻印象。

2.正餐

（1）自助餐：持續時間長的會議往往需要安排主餐，酒店擁有多個餐廳能為會議提供便利餐飲。自助餐經濟實惠，快捷又靈活方便，菜式豐盛、美觀。通常不排座位，客人可以自由活動，隨意交談，自行到菜檯選取菜點，酒類飲料則由服務員巡迴端至席間斟上。早、中、晚餐皆可採用自助餐形式。自助餐有中式和西式之分，在中國有時以西餐為

主另加幾道中餐熱菜，形成中西自助餐，具體可根據會議承辦單位的要求而定。此種宴會多為慶祝會、歡迎會、新聞發表會等所採用。

（2）宴會：這是一種正式的用餐形式，不僅菜式價值高、製作精良、造型美觀，而且在服務程序和服務內容上都有嚴格的要求。酒店在接到主辦單位的預定後，要專門研究，制定周密的服務計畫。宴會環境布置講究，多以鮮花、植物裝飾，表現出高雅、華麗、舒適和考究。形式隆重，席間有致辭、祝酒和音樂伴奏，有時還有文藝演出等。菜單和座席卡均特殊裝飾。宴會一般有歡迎宴會、答謝宴會和告別宴會三種類型。

（3）雞尾酒會：這是一種較為活躍、有利於客人之間廣泛接觸與交談的站立式宴會形式。客人可晚來早走，不受時間約束，在安排上也比較靈活，中午、下午、晚上均可。雞尾酒會一般以酒或調酒為主，食品以三明治、小香腸、鹹肉卷和各種麵包、甜點為主。場內備有小茶几或小桌，擺放乾果及餐具等，但不設座位。

（4）客房服務：一般是用電話向酒店送餐部預訂，服務員按其要求送至客房。送餐內容包括：飲料、酒、早餐、正餐。

（5）外賣：有些跨國公司或大機構擁有自己的會議中心，或需要在自己的工作區域內舉辦各種會議、儀式，但不具備舉辦宴會、酒會的能力，需要藉助酒店力量，由酒店製作好食品並派專業會議服務人員到公司要求的現場協助舉辦會議、儀式及宴會等。

（五）客房

1. 客房的基本種類

（1）單人房：客房內放一張大床，適合從事商務活動的客人使用。

（2）雙人房：客房內放兩張床，也稱為標準間，適合會議團體、旅遊團住。

（3）套房：一般是連通的兩個房間，一間臥室，配有一張雙人床或兩個單人床，另一間作為會客室。兩間房各有一個衛浴間。

（4）複式套房：由樓上、樓下兩層組成，樓上為臥室，面積較小，樓下為會客室。

（5）連通房：相鄰的兩或三個房間，中間有門和鎖，需要連通時可以打開門，需要隔開時，可以兩邊同時關門加鎖，這樣既安全又隔音。

（6）行政套房：由多間客房組成，分為臥室、客廳、餐廳、書房等區域，房內安裝多個電源、電腦插孔，有的還配有傳真、電腦等設備及辦公文具，適合高級商務旅行客人使用。

（7）總統套房：有多間房（一般為五間以上）組成的套房。總統臥室和夫人臥室分開，男女衛浴間分開，並有會客廳、會議室、隨員室、警衛室、書房、酒吧、廚房及餐廳等。有的還有室內花園。

2. 客房的基本設備和用品

客房基本設備和用品（見表2-7）。

3. 客房其他服務專案

會議組織者或參加會議的客人入住酒店客房，除支付房租外，還

大皂	big soap	牙刷	tooth brush
小皂	small soap	浴帽	shower cap
洗髮精	shampoo	沐浴乳	bath gel
乳液	body lotion	梳子	comb
棉花棒	cotton swab	指甲銼	emery board
衛生紙	toilet paper	面紙	facial tissues
洗衣袋	laundry bag	洗衣單	laundry list
乾洗單	dry cleaning list	鞋布	shoe mit
鞋拔	shoehorn	拖鞋	slipper
行李架	luggage rack	記事本	note pad
留言本	message pad	資料夾	imformation folder
服務指南	service directory	安全指南	safety book
早餐卡	breakfast card	賓客建議	guest comment form
電視機	TV set	文具夾	stationery folder
信紙	letter paper	信封	envelope
電報紙	telex form	明信片	post card
圓珠筆	ball pen	鉛筆	pencil
購物袋	shopping bag	茶包	tea bag
高杯	high ball glass	茶杯	tea cup
果汁杯	juice glass	白酒杯	white wine glass
紅酒杯	brandy glass	古典杯	old fashion glass
迷你吧單	mimi-bar voucher	迷你吧夾	mini-bar folder
收音機	radio	電話	telephone
檯燈	table lamp	落地燈	standing lamp
床頭燈	table lamp	煙灰缸	ashtray
火柴	match	水壺	canteen
浴巾	bath towel	手巾	hand towel
毛巾	face towel	腳踏墊	bath mat
浴簾	shower curtain	衛生袋	sanitary bag
刮鬍刀	razor	地毯	carpet
窗簾	window curtair	壁紙	wall paper
馬桶	toilet bowl	浴缸	bathtub

表2-7　客房用品

需瞭解客房內的其他服務專案及其收費情況，以避免誤解爲免費服務而造成事後超預算的支出：

（1）長途電話（國際、國內）。

（2）客房內小冰箱中的酒類和不含酒精飲料等。

（3）洗衣服務。

（4）送餐服務。

（5）開啓鎖碼頻道。

（6）客房內上網。

（7）遺失、損壞客房用品和鑰匙等的賠償。

4.會議組織者預定酒店客房的注意事項

（1）儘早確定參加會議的準確人數。

（2）與酒店確定客房服務專案的使用和收費標準以及付帳方式。如當會議組織單位不負責與會人員的電話費用時，則需要與會者入住前通知酒店關閉客房內電話的長途功能，或者告知與會者並通知酒店直接向客人收費。

（六）禮品

爲增加會議的紀念意義，會議組織單位可委託酒店制訂禮品贈送與會人員。訂做的禮品類型通常有以下七種：

1.文具類，如：筆、名片夾、日曆等。

2.藝術擺設，如：地球儀、小型雕塑等辦公桌上的擺設。

3.個人飾物紀念品，如：領帶夾、石英錶等。

4.公司產品模型。

5.會議舉辦所在地的特色產品。

6.會議標誌。

7.酒店標誌。

（七）商務中心

　　商務中心的優質服務是成功舉辦會議的重要保障之一，尤其對新聞發表會、商務洽談會、產品發表會等。表2-8所列為酒店商務中心為客人提供的商務設備、服務以及供參考的價目表。

　　在技術、資訊傳遞速度發展的時代，商務中心的服務功能更與新興科技結合，呈現出多樣化，以求適應國際會議需求並追求更快捷、更周到、更個性化的服務如：

1.上網服務。

2.翻譯服務：分口譯、筆譯，更強調專業性。

3.行政秘書服務：商務中心可根據客人需要，安排專人協助安排會議日程、整理會議大綱、草擬合同等。

4.替不同型號的手機充電。

5.設備不斷升級、更新，如：增加傳真機的電腦儲存功能、上網速度或電腦列印速度的提昇等，雖只是細微的改變，但效率增快，令客人更滿意。

（八）娛樂

　　會議活動過程中，酒店娛樂場所因其環境為與會者所熟悉，娛樂項目多而且集中，適合各種年齡、身分的人，設備優良，所以成為與會者休閒的首選之地。酒店娛樂項目大致可分為室內和室外兩部分：

1.室內項目

　　（1）休閒類

　　　　‧歌舞廳、卡拉OK等兼有節目表演。

　　　　‧酒吧。

　　　　‧棋牌室。

　　　　‧電玩遊戲。

1.IDD/DDD ASSISTANT CALL		國際直撥 / 國內直撥電話
*INTERNATINAL	DURATION PLUS SERVICE CHARGE PER TIME	$5
國際長途	通話時間+服務費	$5
*HONGKONG,MACAU ,TAIWAN	DURATION PLUS SERVICE CHARGE PER TIME	$2.5
港、澳、台	通話時間+服務費	$2.5
*DOMESTIC	DURATION PLUS SERVICE CHARGE PER TIME	$1.25
國內長途	通話時間+服務費	$1.25
2.TELECOMMUNICATIONS		通訊聯絡
FACXIMILE OUTGOING		發出傳真
*INTERNATIONAL	DURATION CHARGE PLUS PER TIME & PER PAGE	+$2.5 / page
國際長途	通話費用+每頁費用	$2.5 / 頁
*HONGKONG,MACAU ,TAIWAN	DURATION CHARGE PLU PER TIME & PER PAGE	+$2.5 / page
港、澳、台	通話費用+每頁費用	+$2.5 / 頁
*DOMESTIC	DURATION CHARGE PLUS PER TIME & PER PAGE	$2.5 / page
國內長途	通話費用+每頁費用	$2.5 / page
*LOCAL	PER PAGE	$2.5
市內傳真	每頁費用	$2.5
*FACSIMILE INCOMIN	SERVICE CHARGE PER TIME & PER PAGE	$2.5
接收傳真	每頁費用	$2.5

表2-8　酒店商務中心商務設備、服務及價目表

*FACSIMILE IN COMIGNSERVICE CHARGE		$1.25
（THE GUEST LIVE IN	A4 IN 3 PAGES	
OUR HOTEL）	MORE OVER 3 PAGES PER PAGE	$0.5
住店客人接收傳眞	3頁A4紙內	$1.25
	超過3頁每頁	$0.5
	通話時間最低以3分鐘計	

3.PHOTOCOPYING		複印
*A4	PRE PAGE	$0.5
*A3	PER PAGE	$0.75
*PLASTIC PAPER COPYING PRE PAGE		$2.5
PHOTOCOPYING ON BOTH SIDES OF A PAPER WILL BE CHARGED AS 2 COPIES		

4.WORD PROCESSING/TYPING SERVICE		文字列印服務
*A4	ENGLISH PER PAGE　A4英文打字／頁	$10
*A4	CHINESE PER PAGE　A4中文打字／頁	$15
*A3	CHINESE　PER PAGE　A3中文打字／頁	$20
*A4	PRINT OUT PER PAGE　A4紙列印／頁	$1.25
*	USR COMPUTER　使用電腦/時	$15

5.INTERNET SERVICE		網路服務
*	IN 10 MINUTES SERVER CHARGE	$×××
	10分鐘內收費	
*	MORE OVER 10 MINUTES PER MINUTE	$×××
	超過10分鐘，每分鐘收費	

續表2-8　酒店商務中心商務設備、服務及價目表

6.EQUIPMENT RENTAL		設備租賃	
	WHOLE DAY	HALF DAY	ONE HOUR
	整日	半日	1小時
	$17	$1	
*TV & VIDEO CASSETTE/ RECORDER 電視及錄影機	$128	$87	$26
*SLIDE PROJECTOR 幻燈機	$75	$40	
*CONFERENCE ROOM 會議室（十人）	$200	$125	$37.5
翻譯（收費標準略）			
秘書（收費標準略）			

續表2-8　酒店商務中心商務設備、服務及價目表

　　　　·立體小電影。
　（2）保健運動類
　　　　·美容美髮。
　　　　·SPA按摩。
　　　　·保齡球／撞球／乒乓球。
　　　　·健身中心。
　　　　·室內泳池。
　　　　·迷你高爾夫。
　　　　·室內攀岩：設有專人指導。
　　2.室外項目
　　（1）室外泳池。

（2）網球場。

（3）市區觀光購物。

會議組織單位和與會人員在酒店娛樂場所舉辦活動前，需要瞭解收費情況，酒店的一些娛樂專案對住店客人是免費提供或有優惠的，如：多數酒店都有規定：住店客人憑客房鑰匙或住房卡即可到酒店泳池而無須另外收費。此外，活動中要遵守娛樂規則，注意安全，特別是需要專人指導的項目。

（九）交通

會議主辦單位在選擇會議舉辦地點時，可以從以下幾方面考慮交通問題，並要求酒店提供幫助。

1.與海關、機場、碼頭、火車站距離

有些酒店距離這些地點較近，便設接待處，每日安排車輛定時去接送客人而不收費。如果距離較遠，要求酒店接送則要收取費用。會議組織單位要與酒店協商，在需要酒店安排接送的情況下，一定要落實聯絡地點與雙方聯絡人以及多種聯絡方式，及時、準確地獲取與會客人抵達的航班、車次及預計抵達時間，做好會議組織單位、與會客人和酒店三方的資訊溝通，避免發生因漏接而引起的投訴，影響會議的準時召開。

2.停車場

酒店停車場的收費情況視時間長短而定，對當天在酒店消費的客人免費，而需過夜的車輛則要收取一定的費用。會議組織單位可事先向酒店要求預留車位方便與會客人使用。

3.車輛

酒店多有自己的商務車隊，備有不同型號、大小的車輛。租用酒店車輛費用較出租汽車公司貴，但安全可靠，服務熱情周到。

4.票務中心

會議結束後返程購票可請酒店聯絡航空公司、車船運輸單位訂票，按規定收取手續費。會議組織單位要做好統計工作。

（十）商場

酒店商場出售的商品分為：

1.日用商品

給店內客人出門在外提供方便，如：毛巾、底片、領帶等。

2.精美工藝品、珠寶等

方便客人購置特色禮品。

3.名牌產品專賣店

酒店將商場出租給名牌產品商，形成商場的特色，吸引客人購物，大型酒店的商場還為客人代辦托運服務。

3. 酒店會議促銷

□ 酒店會議銷售部門

□ 會議推銷資料的設計

□ 酒店會議促銷

酒店會議銷售部門

一、酒店銷售的目的

客源是酒店的「衣食父母」。酒店要有充足的客源，就必須先進行市場調查，掌握客源流向，再進行宣傳和促銷。近年來，隨著會議和展覽業的發展，會議客人已成爲酒店的重要客源之一。會議客源正成爲酒店行銷工作的重點之一。

會議銷售的目的：一、能在同一時間使酒店各種房間及設施得到充分利用。二、能彌補酒店低峰期房間出租率。大多數酒店尤其是季節性的酒店需要用會議客源來提高酒店的年出租率，使淡季不淡，商務性酒店則使周末不閒。

現在各種酒店都在制訂提高會議預訂率的目標。會議團體給酒店帶來的利益是其他客源市場不能做到的。

當然，酒店要拓展會議市場的政策，必須根據酒店是否具備接待會議的會議室、設備設施及服務組織專業類型等實力來確定。

二、酒店會議銷售機構

拓展會議市場首先需要酒店特別重視銷售部門，授予銷售部特別的職權，以協調酒店內各部門的客源及服務關係。酒店會議銷售機構因酒店本身的類型、設施和條件的不同而有所差異。

（一）銷售部

對於會議室的數量、種類齊全的會議型和商務會議型酒店，酒店會議銷售的主要工作是由銷售部門來完成的。工作內容是確定酒店的

目標市場，制定銷售方針與策略，按既定方針，全方位推廣促銷酒店產品，包括：客房、餐飲、會議、娛樂等，銷售部要綜合考慮酒店各種設施的出租，而不僅僅是追求高住房率或平均房價。

（二）餐飲部下屬會議銷售部門

由於會議可為酒店帶來直接和多種連帶的營業收入，一些非會議型酒店為充分利用現有的會議室、多功能廳、餐廳、歌舞廳等設施而設置專職會議銷售機構，從推廣促銷到預定安排並提供專業的會議及宴會服務，一般根據會議室的面積和業務量的大小，由二至四人負責，隸屬餐飲部。

1. 會議銷售部工作細節：餐飲部下屬會議銷售部因為酒店不同名稱也各異，如稱為宴會銷售部等。他們的工作任務應和銷售部的工作範圍一樣。
   （1）會議銷售人員應會報價、預訂、確定報價，並熟知訂金及取消的有關規定。
   （2）應能處理所有客人要求，並代客人與酒店其他部門及店外公司聯繫。
   （3）不論多早或多晚，會議銷售人員都應比正常辦公時間或有任何會議接待工作時間提早或延後一小時上下班，直到最後的接待工作完成。
   （4）會議銷售人員在會議開始前，應與客人聯繫並檢查是否每件事都使客人滿意。
   （5）所有的投訴必須以書面形式答覆，並由餐飲總監在八小時之內做出適當的補償答覆。
   （6）每項業務後，應給客人感謝函，表示對其選擇本酒店的感謝。

2.會議銷售部設施

　（1）辦公室內應有電腦、印表機、影印機及傳眞機。

　（2）有電話系統，具有轉接及免持聽筒功能。

　（3）固定形式的訂單，記錄電話預定要求。

　（4）運用時間日曆，以確保對客人所有要求的服務。

　（5）專用的預定登記簿。

　（6）充分利用各類會議促銷宣傳手冊（語言不得少於二種），內
　　　容至少包括：

　　　‧酒店標誌、地圖及圖片。

　　　‧詳細說明會議廳使用的技術細節（如：網路、能源供
　　　　應、廳房面積、緊急出口等）。

　　　‧向客人提供可供選擇的會議廳的圖片及不同廳房的規模
　　　　大小。

三、酒店代表

　　很多會議型酒店，爲了擴展市場，在大型企業、公司設立了酒店
代表。酒店代表隸屬於銷售部，但其工作是獨立的。

（一）酒店代表的類型

1.從大型公司中聘用酒店代表：酒店代表，顧名思義就是代表酒
　店的人。他的工作是爲了實現酒店長期的銷售目標，服務於銷
　售部。因爲酒店的需求不同，他們爲酒店提供的服務也不相
　同。在某些情況下，酒店代表從大型企業人員中僱用，來吸引
　與酒店有關係的會議客源。這種僱用大型企業人員作爲酒店代
　表，可使酒店銷售達到跨地區的目的而又不需要增加成本。很
　多酒店認爲從自己的銷售部中設立獨立的酒店代表好處多。吸

引顧客到酒店是銷售成員本職範圍內的工作。然而，酒店自己的銷售代表首先面對的問題是人數上的限制；其次是受到地域上限制，一般只在酒店所在地範圍內進行。

2. 選擇會議仲介機構為酒店代表：隨著會議市場的發展和完善，為會議服務的仲介機構會越來越多。會議仲介機構有的稱為會議服務中心，有的稱為會務公司。他們聘用專業的會議專家，全方位為企業、公司會議服務，包括文件資料的設計印刷、廣告新聞的宣傳、中外貴賓的迎送接待、會場、交通、住宿、餐飲的落實以及展示、招商等一系列會務工作。目前一些旅行社利用現有的服務如訂票、訂車、訂房的優勢而成立會議服務仲介機構。儘管這些仲介機構的會議服務還不成熟，但代表未來的一種發展趨勢。所以，酒店可以選擇這些會議仲介機構來作為酒店代表。

3. 獨立酒店代表：現在獨立的酒店代表通常同時為兩個以上的酒店服務。這是因為：一、現在很多酒店從經濟角度出發，願意請這些公司或個人出面作代表，以搶占酒店本身不熟練或不專業的當地市場。二、會議規模大小、市場因素的不同顧客需要選擇自己所需要的酒店。

（二）挑選酒店代表

如果挑選代表在自己本酒店工作就必須進行面談，以瞭解他在市場方面的能力和經驗，然後再聘用。

如果是挑選公司（仲介服務公司）作為酒店代表，就必須弄清楚以下問題：

1. 該公司的競爭對手是誰？
2. 多少酒店讓他做代表？該公司是否有能力滿足你的需要？

3.這種代表的服務態度怎樣？他們是否願意參與酒店工作？

4.他們是否對你的需要做出努力？是否建議你提供有關宣傳手冊和印刷材料？

5.他是否是你所尋找的特殊市場的專家，他們對團體和會議的知識如何？

6.這家公司在市內是否有辦公室，主要市場區域在哪？

7.他們的職員是否有酒店管理經驗，對各類型酒店的知識瞭解多少？

總而言之，酒店代表公司占著特殊市場，他們擁有一定的業務渠道和客源。如果你的市場目標與他們的市場一致，就可以選擇這家公司。另外，如果這類公司，在全國大城市乃至世界主要城市有代表處，那就意味著具有潛在的客源市場。

酒店代表一般是以契約爲基礎來僱用。他們薪資的支付主要是按爲酒店預訂數量的總金額的比例來提取。所有這些都應清楚地註明於契約中，使酒店、顧客、酒店代表三方的利益得到保障，並避免酒店代表透過討價還價而收取過多的傭金。

（三）酒店代表與酒店的聯繫

酒店銷售部與獨立的酒店代表如何進行有效的聯繫，是相當重要的。一般酒店銷售部將所有宣傳和廣告材料寄到酒店代表的中心辦公室。這些寄出的資料和材料要求是準確的、最新的資訊。另外，要求將酒店每天的客房情況通知酒店代表。一般資料一周一次，其他事情可用傳真、電話或電子郵件聯繫。酒店代表與酒店的關係應先行註明在相關的合約和協議中，以確保雙方的權責及利益。

四、協調與各部門的關係

（一）宴會部與銷售部的關係

　　一些會議功能不很完善的酒店或者非會議型酒店常常把會議銷售放在宴會部，在這種情況下，酒店宴會部和銷售部就要有好的關係。

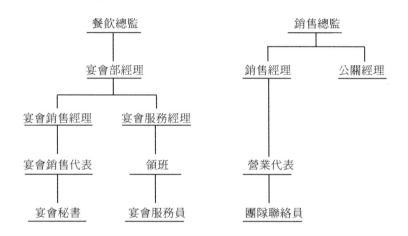

1. 從上面組織結構圖中可以看出，專職服務於會議銷售的宴會部不受銷售部管理。
2. 所有的會議預定只能通過宴會銷售部記錄並調整；會議廳原則上由宴會部控制，只有宴會銷售部有權力支配會議廳，否則多個部門插手，會議廳的安排就會「撞期」，對顧客的承諾就不能兌現；另外，會議服務及其餐飲服務對會議來說也是非常重要的，所以宴會部對會議有指導性權力。
3. 銷售部對酒店會議具有市場定位、宣傳推廣的作用；在促銷後，接到會議預定，要及時與宴會部聯繫，協商會議場地利用情況，由宴會部進行會議室的預定登記並提供客人專業的會議

服務諮詢。

4.銷售部負責制訂酒店所有經營專案的價格,對客房價格、娛樂
設施價格等具有指導性權力。通常會議連帶有住房、娛樂等其
他消費,需要宴會部與銷售部共同協調制訂出客房等折扣,以
優惠的套裝價格爭取客源,使酒店整體獲利。

(二)會議與各部門的關係

當會議開始實施時,會議服務管理需要與整個酒店各部門協調。
宴會經理擔任會議組織與酒店的聯絡人,與客務、房務、工程、安
全、車隊等取得聯繫。下表為會議協調工作內容範例:

接待「××公司工作年會」協調會議紀要

一、入住時間:×月25日下午6時許

離店時間:×月27日上午9時

二、入住房間

(一)套房:1間。

(二)標準間:9間(單人床)/9間(雙人床)。

(三)工作間:1間(雙人)。

三、客務部

(一)按上述時間要求預留客房並提供房號。

(二)房間要求:

　　1.套房按VIP一級標準送鮮花、水果。

　　2.所有房間開放IDD/DDD電話以及內線電話(ROOM TO
　　ROOM)。

(三)客人統一抵達和離開,因此在其抵達及離店時均要安排行李員運送行
李。

（四）客人抵達和離店時，客務部負責控制專用電梯一部，及時、迅速地送客人進入房間和離開。

（五）安排公關部主任準備總經理致意信放入客房，檢查所有房間並在抵達時協助帶房。

（六）入住登記手續由會務組劉××先生負責接待處聯絡完成。

四、餐飲部／宴會部／廚房

（一）會議及餐飲日程安排

×月25日	6：30PM	晚餐	30人	西餐廳
		工作餐	5人	西餐廳
×月26日	7：30AM	早餐	30人	西餐廳
	8：00AM	會議	30人	西餐廳
	12：30AM	午餐	30人	西餐廳
		工作餐	5人	西餐廳
	2：00PM	會議	30人	西餐廳
	6：30PM	宴請	35人	西餐廳
×月27日	8：00AM	早餐	30人	西餐廳
		工作餐	5人	西餐廳

（二）請西餐廳規劃出35人的單獨用餐區域。

（三）×月26日會議，30人課堂式擺放，於舞台上設5人主席台，提供紙、筆、茶水、麥克風等（見會議安排單）。

（四）提交宴會菜單，列印宴會卡片。

（五）負責會議、宴請時的服務。

五、房務部

（一）做好客房用品、用具的檢查和補充。

（二）客人入住後送開水到房間。

（三）檢查房間狀態，發現問題及時通知相關部門儘速處理。

（四）會議當天，派專人於會議廳外洗手間當值，做好場地清潔工作。

（五）負責會議廳所有綠色植物、鮮花的擺放。

六、安全部

（一）請免費預留車位四個。

（二）做好安全保衛工作。

七、公關部／美工室

（一）製作「××公司99年度工作會議」金色字，並於×月24日下午5時前
　　　貼好。

（二）製作展示牌兩塊分別放在大廳和宴會廳門口，內容如下：

　　　「××公司年會宴設×樓××中餐廳」

八、車隊

　　　提供一輛車輛，具體說明用車時間及地點。

九、工程部

（一）於會議廳提供紅色背景板，提供立式麥克風2支／無線麥克風2支、錄
　　　音機1部，於會前檢查音響及麥克風的效果，不可於會議期間發出怪
　　　聲。

（二）會議期間，派音響技術員當值，全程錄音。

（三）中餐廳宴請期間，提供卡拉OK音響設備。

十、財務部

（一）客房雜費客人自付。

（二）以下費用由該公司支付：

　　　1.房費標準：每人每晚1,200元。

　　　2.用餐標準：與會客人每人每天800元；會務組人員工作餐每人每天
　　　　320元。

　　　3.中式晚宴10,400元／席，共3席。

　　　4.會議場租20,000元／天（8小時），會間咖啡／茶點每人每次120元。

5.租豪華轎車一輛3,200元／小時。

6.廣告用字收費800元。

(三) 公司已付訂金80,000元，餘額於會議結束當日一次付清。

(四) 公司簽單人：劉××先生，電話：××××××××××

以上事宜如有變動，以宴會部通知爲準。

宴會部經理（簽名）

抄報：總經理／副總經理

抄送：客務／餐飲／宴會／房務／銷售／財務／工程／安全／質檢／車隊

會議推銷資料的設計

　　會議市場推銷資料設計一般分成兩類：一、以酒店爲主的會議推銷資料的設計。二、以一個地區的酒店、旅行社、航空公司的聯合力量來設計推銷資料。因爲會議旅遊者首先選擇的是一個具有魅力的遊覽勝地，只有把一個地區的形象推銷出去，這個地區才可能招攬大量的會議旅遊者。同時，會議團體有時規模很大，需要由很多酒店同時接待。

一、設計酒店宣傳手冊

　　酒店爲了介紹其產品及其他資訊而印製的宣傳手冊，它是酒店進行促銷的有效工具。在酒店產品的銷售中，由於顧客與酒店之間通常存在一定的空間距離，因而，顧客在作出購買決策時，在很大程度上依賴於間接資訊，而宣傳手冊便是間接資訊的傳遞者之一。此外，顧

客不可能在看到實際產品後再預訂，他們預訂決策往往依賴於事先在宣傳手冊上讀到和看到的一切服務專案、服務設施與價格標準。由於宣傳手冊是賓客購買決策的依據，酒店必須重視宣傳手冊的製作和發放，使之成為酒店有力的銷售工具。

總體來看，酒店宣傳手冊的宣傳對象主要有最終消費者和旅遊中間商兩類。針對不同的對象，酒店宣傳手冊所起的作用也不盡相同。主要作為預訂和銷售指南，而對於散客和會議團隊客人，還可以作為供親友參考和自我留念的資料。

宣傳手冊在設計時要注意下列要點：

（一）宣傳手冊應提供以下資訊

1. 酒店設施的名稱和標誌。
2. 酒店產品、設施和服務專案描述。
3. 酒店具有競爭優勢和對賓客有吸引力的設施圖片。
4. 酒店地點、地址、電話和傳真號碼。
5. 酒店所處地點的交通圖，提示如何到達酒店以及地理位置的方便程度。

除此之外，有關價格、折扣、訂房程序、訂金要求、取消預訂條件和退款等詳細情況，可作為插頁放入宣傳手冊中，這樣，酒店在需要時，可隨時變更。

（二）圖片的選擇

圖片是酒店展示其設施的有效手段，好的圖片對於宣傳手冊的成功具有重要作用，它具有真實可信和直接感受的特點。酒店最好採用客人正在使用酒店設施時的圖片，如：游泳池、舞廳、網球場、會議廳、餐廳、酒吧，但是，不應因人物在背景中而破壞其應有的印象。

另外，在選擇圖片時，應注意選擇具有專業水準的圖片，以保持圖片的品味和品質；採用一系列圖片展示酒店產品和服務，以幫助賓客全面瞭解酒店；必要時採用酒店所在地的旅遊背景來襯托酒店設施，以加強對酒店所在地的印象；避免使用太複雜的圖片，少量的大幅圖片其效果往往比零亂的小幅圖片更有效；圖片必須真實，將銷售資訊作成簡單字幕附於圖片中，比附加文字解說效果更好。

（三）在設計宣傳手冊時，同樣應遵循AIDA模式

即吸引消費者的注意力（attention），提高其興趣（interesting），刺激和創造需求（demand），並促使其付諸行動，進行購買（action）。

（四）裝訂成書本式還是活頁式的選擇

宣傳手冊的設計既可以採用裝訂書本式，也可以採用折疊活頁式。裝訂書本式的宣傳手冊會產生豪華高貴的感覺，其缺點是成本高，也不能產生一眼就看完酒店全貌的效果。折疊活頁式的宣傳手冊，既可降低成本，又可在展開時讓賓客欣賞酒店的全貌，一般說來這種形式的宣傳手冊是比較理想的。現在已經有越來越多的酒店選擇折疊活頁式宣傳手冊。

（五）大小與頁數的選擇

無論是裝訂書本式宣傳手冊還是折疊活頁式宣傳手冊，它們每頁寬和長的尺寸都是10cm×21cm，折疊活頁式的宣傳手冊一般是由四張紙正反面八頁構成，而書本式宣傳手冊的頁數還要更多一點。

（六）每頁內容的設計

我們以維也納馬里奧特賓館折疊活頁式宣傳手冊為例，來說明內容布局方式。

第一頁，也就是封面，位於其上部，按自上而下順序寫地名和酒

店名。下部可以展示當地景色和酒店外貌。不少宣傳手冊設計的錯誤之一是在封頁上遺忘了用外文寫地名。

折疊活頁式宣傳手冊展開以後，就是第二、第三頁。在第二頁上部和第三頁全部可以刊登當地景色和娛樂活動的照片，在第二頁下部可以用優美的文字介紹當地的旅遊資源。不少酒店宣傳手冊的設計在這裡犯的錯誤是：一、沒有當地旅遊資源集中形象的介紹內容。二、文字描述多，而照片形象少，實際上應該相反。三、每張照片篇幅太大，實際可以縮小，這樣就可以多刊登幾幅圖片了。

折疊活頁式宣傳手冊再次展開以後，就是第四、五、六、七頁。第四頁全部、第五、第六頁上部的一半和下部的一半以及第七頁的全部都可刊登酒店設施與服務的照片，在第五頁和第六頁的中心部分可以刊登介紹酒店設施與服務的文字。在選擇照片時要注意：

1. 每幅照片要適當小一些。大的可以是8cm×9cm，小的可以是4cm×4.5cm，這樣就可以多刊登一些照片了。
2. 照片的上下左右布局要對稱。
3. 需要銷售的主要設施與服務都要在照片中表現出來。還要有呈現酒店品味與氣氛的照片，如：大廳實景、游泳池，雖然它們是免費的。
4. 每一幅照片上都要同時展現設施品質和服務員服務時的情景，讓賓客有身臨其境享受的感覺。

折疊活頁式宣傳手冊的最後一頁也就是第八頁，其上部是一幅地圖，地圖上主要顯示酒店所在位置，可以用醒目的紅色標出，同時也顯示賓客附近的旅遊景點：娛樂中心、遊覽中心、交通中心和購物中心等。接著是顧客預訂的聯繫方式：酒店的地址、電話、e-mail和傳真，以及全球預訂辦公室。第八頁下部是供旅行社蓋印章使用的空

間，即當旅行社為酒店進行推銷，將宣傳手冊提供給賓客時可在這一空間上蓋上自己的印章，這樣做旅行社也推銷了自己。在第八頁底部可用小字註明，這一小冊子設計有版權登記，不能進行模仿。

二、設計酒店會議宣傳手冊

（一）會議宣傳手冊

對那些從未到過酒店的人，當然對酒店的情況不瞭解，對接待會議的條件和能力也就不瞭解。這就要求我們從會議組織者要求的角度來設計出表現酒店特徵和會議接待設施與能力的宣傳手冊。會議組織者們常抱怨一般酒店宣傳冊上對酒店會議接待情況缺乏詳細和正確的介紹。

會議宣傳手冊，首先應詳細地介紹有關會議的資料，包括會議室樣式，大到什麼程度，能容納多少人，能有什麼樣的布置方法，以及視聽設備的情況等。

其次，宣傳手冊是非常重要的參考資料，最好能展示會議的大小、出口、樑柱、窗戶、進口電梯位置等。會議宣傳手冊對沒有時間來考察酒店的會議計畫者來說更為重要。一般來說他們會重複選擇自己瞭解的酒店，另外，會從精心設計、資訊豐富的宣傳手冊中來挑選會議地點。

第三，會議設施不是唯一用來選用會議地點的因素，所以會議宣傳手冊還應包括建築物結構和周圍環境、方便的地理位置、會議服務專業人員的資訊。

第四，好的會議宣傳手冊能夠用在信函、展示會上以及其他銷售活動中，或者透過會議服務中心、航空公司等相關部門來傳達資訊。

（二）會議宣傳手冊的內容

會議宣傳手冊可以設計成單頁，還可設計成折疊式的多頁。不管

怎樣，應包括以下內容：

1.酒店名稱。

2.地址。

3.電話號碼。

4.座落地點。

5.城市。

6.氣候。

7.特殊的酒店景觀。

8.附近可以合作的酒店。

9.以往會議的參考資料。

10.客房（客房區域的政策、預訂、房價、登記要求等）。

11.餐廳（名稱及容納人數）。

12.會議室（名稱、不同布置方法的容納人數）。

13.展覽廳（高度、草圖、地面材質、房屋高度）。

14.有效視聽設備。

15.宴會及飲料布置（安排）。

16.結算方法。

17.配偶娛樂活動。

18.交通。

19.專職會議服務人員。

20.特殊的設施和服務（如：照相、錄影）。

21.急救程序。

22.指示和標示方案。

23.客人抵店和離店的資訊。

24.宗教服務。

25.住宿描述和樓層計畫。

26.娛樂和文化娛樂活動。

27.客房餐飲服務。

28.團隊主題安排。

29.郵寄和收物程序。

30.為會議組織者提供時間安排指導和專案。

目前，國外的一些酒店能利用電腦和網路技術為會議預訂者設計針對性的會議宣傳手冊，如利用彩色印表機專門針對會議的大小類型，印製一份特製的會議宣傳手冊，或利用網路技術在網上向對方公司進行現場宣傳。

（三）酒店會議服務介紹

1.能在最短的時間內報價。

2.提供免費的會議計畫者，以保證會議的周全和成功。

3.當預訂會議時，酒店就指定了一名會議經理，來專門對會議負責。

4.酒店會議經理將在會議前與會議預訂者會晤，以便讓你能看到將為你服務的主要成員，他們將根據你的要求進行工作。

5.事先的檢查幫助。視聽設備專家將堅持對有關設備進行事先檢查，以保證會議設備的正常運行。

6.供餐準時的保證。

一家酒店應該向公司或協會會議計畫者顯示，它是會議組織與服務的專家。要做到這一點，就需要有一份會議組織與服務的詳細工作程序表。如會議餐飲服務要規定：

1.為了保證良好的餐飲及其服務對成功會議的貢獻，會議組織者

要與餐飲部經理密切合作，討論餐飲的預算、菜單和服務時間表。

2.菜單做到豐富多樣，在會議的開幕式和閉幕式有令人難忘的飲食。

3.請記住午餐應該安排清淡的食物和葡萄酒，這樣才能保證代表全神貫注地參加下午的會議。

4.應該告訴葡萄酒服務員飲料的預算，請他們適當控制會議代表對飲料的需求量。

5.在策劃用餐時，可考慮有地方風味的食物和娛樂，同時請不要忘記瞭解每一位代表飲食或宗教的禁忌。

6.如果酒吧已經付費預訂或進行免費招待，要說明酒吧營業的時間。同時必須和決定酒吧經營時間的人聯繫好。

7.在準備閉幕宴會時，要注意安排好座位和主要宴會桌。仔細計畫演講時機和時間，保持宴會的熱烈氣氛。與宴會部經理設計特殊的菜單，選擇精緻和引人入勝的菜餚。邀請信上應該詳細說明賓客的服飾要求，也可以經由為女士訂購胸花來增加宴會的優美氣氛。最後，應該考慮是否需要提供娛樂表演和舞會樂隊。

酒店會議促銷

一、會議促銷策略

促銷策略的制訂，為會議促銷指明了方向。酒店會議銷售部門要

全面蒐集會議市場訊息，瞭解競爭對手，分析自身的優勢，找出彌補劣勢的方法，從而制訂出自己的市場定位和欲達到的目標市場占有率。

（一）酒店會議促銷的對象

1. 提早給所有與酒店簽約的公司、旅行社及會議、展覽會、娛樂活動等組織機構寄送有關會議廳的宣傳函件，在收到有關回應後，會議銷售人員要及時跟進。對上述潛在客戶，保持寄送今後會議廳最新推廣資料。
2. 為目標公司、會展組織者、旅行社舉行一次熟悉酒店的參觀活動，讓其對酒店產品有感性認識，從而在宣傳酒店方面樹立信心。
3. 透過與當地會展中心接觸，保持與當地旅遊協會、外商投資協會等各行業協會緊密聯絡，蒐集有價值的市場訊息或聯合推廣，爭取舉辦今後的會議、展覽和研討會、座談會等。
4. 與當地旅遊貿易機構和政府機構以及各地政府駐當地辦事處，建立熟悉的關係，爭取舉辦招商會、展覽會等。
5. 與各類培訓機構、證券交易所、新聞機構等組織建立聯繫，提供專業會議服務建議，爭取商機。
6. 參加和促進當地大型的貿易展覽，儘其所能地激發客戶對會議廳的興趣，並趁機樹立酒店會議廳的公眾形象，提高知名度。
7. 對國內外知名的公司進行銷售拜訪和電話行銷，以爭取潛在的商機。

（二）酒店會議促銷的策略

1. 會議產品「顧客化」：會議產品應根據會議對象針對性的進行

組合促銷，讓會議組織者感受到會議產品是專門為本次會議服務。酒店會議產品顧客化的努力就會容易獲得會議組織者的信賴，並贏得與會者的好感。

2. 追求品牌的知名度：會議產品促銷，一方面充分宣傳酒店的品牌、商標，發揮酒店知名度的作用。另一方面應透過會議促銷使酒店知名度得以延伸或提高。

3. 尋求產品生命周期的延續：會議產品組合是酒店適應了消費需求的變化，使酒店產品、市場有效的轉移，延長酒店產品的生命周期。

4. 產品差別化銷售策略：產品差別化就是要求商品在市場上的適應性。如：推銷同樣產品可在銷售宣傳上強調不同的特點和功能，推銷不同的產品就可在顧客的便利程度上進行宣傳。具體有以下幾點：

（1）開發有吸引力的銷售資料、新聞發表會，有效接近市場目標。

（2）推出會議套餐，吸引客人以最經濟的方式消費會議廳、客房、餐飲及娛樂設施，鼓勵客人試用，從而建立回頭客。

（3）以優質服務和有競爭力的價格，爭取大的公司客戶，培養顧客的忠誠度。

（4）建立回報獎勵計畫，吸引客戶重複使用酒店會議設施。

（5）建立銷售獎勵，推動會議業務發展，激發員工活力。

（6）與相當級別的酒店保持聯絡，瞭解、比較其會議場地面積、場租和其他設施設備的價目，以保持在市場中的競爭地位（見**表**3-1和**表**3-2）。

（7）與其他銷售人員合作取得有用的商機。

	酒店1	酒店2	酒店3	酒店4	酒店5
會議套餐價格	新台幣1,200元每人每天	新台幣1,200元每人每天	新台幣1,200元每人每天	新台幣1,000元每人每天	新台幣2,600元每人每天
會議廳使用時間	8:30 AM-6:00PM	8:30AM-6:00 PM	9:00AM-6:00 PM	8個小時	9:00AM-6:00 PM
用餐種類	中式／西式午餐或晚餐	中式／西式午餐、自助午餐（須50人以上）	中式／西式午餐	自助午餐、中式午餐	中式／西式午餐
咖啡／茶	兩次附送咖啡／茶和小吃	兩次附送咖啡／茶和小吃	兩次附送咖啡／茶和小吃	兩次附送咖啡／茶和小吃	兩次附送咖啡／茶和小吃
免費設施	·標準會議視聽設備 ·標準會議文具	·白板或活頁板及麥克筆 ·螢幕投影機或幻燈機 ·電視及錄影機	·白板或活頁板及麥克筆 ·螢幕投影機或幻燈機 ·電視及錄影機	·白板或活頁板及麥克筆 ·螢幕投影機或幻燈機 ·電視及錄影機	·白板或活頁板及麥克筆 ·螢幕投影機或幻燈機 ·電視及錄影機
交通	按客戶要求而定	提供往返機場、火車站免費巴士	提供往返機場、火車站免費巴士	提供往返機場、火車站免費巴士	提供往返機場、火車站免費巴士
其他	·使用商務中心設施八折優惠（不包括長途電話及傳真） ·此套餐只使用於10人以上之團體會議	·使用商務中心設施可獲七折優惠 ·此套餐只使用於10人以上之團體會議 ·指示牌設計	·此套餐只使用於10人以上之團體會議 ·指示牌設計	·此套餐只使用於10人以上之團體會議	·以上套餐包括一晚房費 ·入住歡迎飲品 ·入住歡迎水果籃 ·附送中式西式早餐 ·洗衣可獲10%折扣

表3-1　競爭酒店商務會議套餐對比

酒店名稱	酒店1					酒店2					酒店3					酒店4				
宴會廳／會議設施																				
大宴會廳面積（m²）	500					720					368					356				
宴會式（人）	336					700					140					220				
劇院式（人）	420					1200					300					356				
課堂式（人）	255					600					168					200				
立式酒會（人）	450					1500					280					300				
多功能會議室	面積	宴會	酒會	課堂	劇院	面積	宴會	酒會	課堂	劇院	面積	宴會	酒會	課堂	劇院	面積	宴會	酒會	課堂	劇院
1	36	108	90	66	120	285	170	350	200	350	220	76	160	96	180	329	80	250	170	300
2	72	60	50	30	72	250	140	200	100	200	147	52	120	75	160	61	30	30	40	72
3	75	60	50	30	60	72	36	50	40	60	221	76	180	120	240	99	50	50	40	72
4						70	36	50	40	60	74	40	60	36	80	64	30	30	40	72
5						52	36	40	30	40	112	52	100	60	100	130	80	80	80	140

表3-2　酒店服務面積對比表　　　　　　　　　　　　　　　單位：m²

連鎖酒店集團充分利用品牌效應，在會議行銷方面占有先天優勢。而非連鎖酒店在會議行銷中，要增強競爭優勢，不僅要注重當地市場，更要把眼光瞄準國際會議，這樣才能有利於提高會議層次與市場形象。

面對競爭，發掘客戶終生價值即抓住回頭客，越來越爲各商家關注，也必將成爲會議促銷中可持續創收的關鍵。因此，運用現代科技手段，建立客戶電腦資料庫和檔案管理對會議市場行銷十分重要。

（三）突出會議廳的宣傳

酒店會議廳的推廣活動目的在於提高其知名度，因此，應強調會議廳的最大賣點以達到促銷的目的。

1. 推廣活動要強調會議廳便利、國際性的位置，將會議廳定位為當地會展活動的優選會議地點。
2. 利用所有機會，藉由公關活動，推廣會議廳的設備設施。
3. 樹立會議廳的公眾形象，參加當地貿易展覽或其他有關的工業展覽。
4. 結合國際性的商戶，共同參加海外銷售之旅及貿易展覽以推廣會議廳。

二、廣告技巧

為使酒店會議服務廣為人知並達到預期的目標市場，酒店必須投入資金，進行廣告宣傳的努力。

（一）廣告原則

1. 廣告宣傳要考慮酒店會議廳的市場定位，既要成為當地會議地點的首選，又要具有國際性特點，因此廣告範圍應為當地70％，國際30％。
2. 所有廣告活動應直接組織，無論以何種形式推出，其內容和版面都要保持形象鮮明、風格一致，以便公眾識別，印象深刻。
3. 所有廣告活動應強調會議廳已取得國際市場上的特定地位，這一點對招商會、展覽會組織者決定場地特別重要，因為這類會展舉辦的目的就是要推廣自身，打入國際市場，吸引更大的商家和最多的客戶。如果酒店會議廳不具備國際性的地位優勢，就無法為這類會展單位提供跳板，失去舉辦會展的意義，自然酒店會議廳就不會被選用。

（二）會議的廣告技巧

1. 直接信函：此種廣告方法是將酒店欲宣傳的訊息附在信件、雜誌等其他資料中，如：火柴盒、菜單、明信片、酒店手冊、住房卡。這種銷售方法使訊息直接到會議決定人的手中。會議宣傳手冊是最典型的訊息產品。直接函件成本很高，往往也不被重視。所以，直接郵寄應事先計畫，並進行有效的控制。直接函件只是酒店廣告宣傳的一部分。這種方式首先必須明確直接寄給誰，一般是會議的組織者，而不是旅行社等仲介機構。直接函件往往是以前到酒店來住過的客人，這樣能使每一封信函都能有一個答覆。關於回函的郵票一般是由酒店事先支付的，較好的辦法是郵寄一式兩份的函件，回函上附上郵票，只需客人填好內容即可。直接函件在一般情況下，成效不大，只是在客人生日、節慶假日問候以及客人需要時的函件才最為有效。給客人寄多封信件時避免雷同。每封信既要有連續性，又要有新的資訊和內容。

直接函件注意事項：

（1）酒店人員的名稱要正確，也可包括個人。

（2）文字簡要但訊息充分，要依據事實，避免空談。

（3）要以第一人稱身分寫，增加親切感。

（4）對關鍵點要強調。

（5）尋找業務，要瞭解誰在什麼時候做決定。

2. 媒體宣傳（media promotion）

（1）雜誌：雜誌廣告有很多優點：一、高品質的圖片和彩色印刷效果。二、雜誌能夠讓人們反覆、長時間的閱讀。三、雜誌廣告能夠使酒店有機會直接向讀者群的顧客進行推銷。

雜誌廣告設計要求：

· 利用彩色，儘管成本高一些，但效果好。

· 最好做連續廣告，建議每期或每隔一期連續做一年效果更好。

· 在雜誌的選擇上，應選擇最有影響的一、二本雜誌（或行業熱門的），而不要在幾本普通雜誌上做廣告。

· 雜誌廣告的位置很重要，選擇在雜誌封面或其他最容易使讀者看到的地方，儘管成本較高但效果好。

(2) 雜誌廣告設計：雜誌廣告設計必須吸引讀者，引起讀者的注意。這必須考慮下面四個基本因素：

· 標題：是吸引讀者注意和閱讀下去的關鍵。可能是一個問句、一個描述、公司名稱、一個詞或一個完整的句子。

· 插圖：對酒店的描述需要用圖片來進行輔助說明，根據需要可以放在主要位置也可放在次要位置，但忽略插圖對廣告的效果會產生不好的影響。

· 文字說明：文字說明應詳細並指出要點。一般是利用圖片的空隙處，文字內容要包括酒店名稱、地址、電話號碼。另外，要特別強調酒店的獨特之處，以及選擇酒店的優點。文字說明應實際，不要允諾酒店做不到的事。

· 標誌：酒店的標誌是一個酒店區別於其他酒店的地方。此標誌在很多場合或不同的媒體上都使用。一般在雜誌廣告的下面。會議組織者利用大眾傳播媒體，主要是報紙、廣播、電視等進行會議促銷宣傳，以便讓公眾瞭解酒店會議的條件。

(3) 報紙宣傳：報紙在大眾傳播媒體中居於非常重要的位置，尤其是發行量較大的報紙。

．報紙具有時效性長、發行面廣等特點。

．報紙便於保存、查詢和檢索。

．報紙新聞性最強，透過寫作、編輯、排版等方面的精心安排，可提高可讀性，增強吸引力，擴大資訊傳播效果。

．報紙便於人們重複閱讀，加深理解。

（4）廣播：廣播是一種電子傳播媒介，它是透過聲音來傳遞資訊的。

．廣播傳播速度快，覆蓋面廣。

．收聽廣播不受文化水準的限制。

．廣播對會議資訊的傳播比較靈活。

．利用廣播宣傳使資訊和消息更具有吸引力。

（5）電視：電視是集文字、聲音、影像於一體的大眾傳播媒體。

．電視宣傳是最直接、面對面的傳播，使觀眾有眞實感和臨場感，增加宣傳的可信度。

．電視利用現代科學技術手段，發揮其他大眾傳播媒介難以單獨發揮功效的作用，可激起觀眾的興趣。

．電視宣傳成本高、耗資大，不適合於非連鎖酒店，多適用酒店的集團、連鎖酒店或以地區優勢集合的酒店。

（6）網際網路：隨著新世紀電子商務的蓬勃發展，酒店業也紛紛「觸網」，在網路上建立自己的網頁，宣傳酒店會議、客房、餐飲等設施。與報刊雜誌、廣播電視等傳統媒體相比，網際網絡繼承和超越了傳統媒體的特點，具有無與倫比的優勢和更廣闊的前景。

．不受疆域的限制，傳播速度快、費用低，更具有國際性。

‧可以將圖像、文字說明、聲音，甚至嗅覺透過網際網路傳播，更富有個性，增加瀏覽者的印象。

‧內容和版面可以經常更新而成本低廉。

‧網上預訂，使酒店與客戶資訊溝通直接、快捷。

三、主題活動的促銷

　　主題活動的促銷方法有三種：一、由一家酒店獨立承擔的促銷。二、由一家酒店與有關單位共同計畫並實施的促銷。三、由許多酒店與所在地點合作的全面促銷。

　　由一家酒店單獨計畫並實施促銷的主題活動，吸引影視界和足球協會到酒店舉辦會議，同時可擴大酒店知名度，如：電影和影星的主題活動，以及時裝和名模的主題活動等。

　　這裡需要注意的是要讓參加主題活動的人享有一段非比尋常的經歷，並且自始至終有參與的機會。維也納馬里奧特酒店的餐廳除每天提供正常的西餐外，還有主題晚餐：星期二的「芝加哥三〇年代」、星期五的「藍色夏威夷」和星期六的「燭光晚會」，這些主題活動吸引了許多新的賓客。

　　由一家酒店與有關單位共同計畫並實施促銷，關鍵是要找到合適且樂於做出貢獻的合作夥伴。如：酒店要舉辦美國文化節、加拿大文化節、法國文化節，這家酒店就可以尋找美國、加拿大或法國大使館裡的文化贊助和這些國家的航空、食品等公司，請他們提供該國的文化資料和獎品，而他們也可以利用這一機會宣傳自己國家的文化和推銷公司的產品。

　　許多酒店都參加當地的促銷活動。如：上海許多酒店都參加上海電影節、上海電視節、上海時裝節、黃浦旅遊節、上海華東地區對外貿易展銷會等活動。這些活動舉辦多了，上海便逐漸成為全國乃至全

世界的文化中心和貿易展覽中心，如此上海當地酒店都可以獲得好處。

主題活動的促銷，除了可以直接增加酒店的銷售額外，還可以產生良好的宣傳效果，增進賓客對酒店的瞭解，幫助公眾用正面、積極的印象來看待你的酒店。

四、參加世界旅遊貿易展銷會

（一）參展前的準備

1. 宣傳資料：參展需要大批的宣傳資料，包括：酒店介紹、景點介紹、旅遊路線（或其他產品）等。應根據展銷會的規模確定資料的數量，並提前運送抵達。而宣傳資料的設計必須符合國際統一標準，用英文印刷。

2. 事先邀請：在準備參展時，應從展銷會秘書處索取參展者名冊、買家名錄等大會資料。提早準備正式商務信件，發給可能的潛在客戶，誠意邀請他們在展銷會期間光臨自己的展台洽談。這種正式的事前邀請常常發揮極大的作用。

3. 價格政策：參加展銷會的人員不僅要熟悉今年的銷售價格，而且對明年的價格也要心裡有數。因為參展時，潛在客戶會隨時與你談判明年某個產品的價格，並有可能當場簽約。如果參展者不瞭解下一年度的價格，或無權決定下一年度的價格，合約就難以簽成。這一點在競爭激烈時就顯得更為重要。

4. 參展人員：參展者必須對酒店展出的產品及其業務十分瞭解；有較好的個性，風趣幽默；有較強的外語水準，能表達自如；具備一定的國際旅遊經驗，懂得國際旅遊慣例；熟悉旅遊銷售方法與商業規則。

（二）參加展銷會期間的工作

1. 立即投入：剛一抵達，就要迅速在最短的時間內布置好展覽台。剩餘的時間則用於熟悉環境等其他活動。有些參展者抵達後先遊覽觀光，僅在最後半天才匆忙布置的作法是不可取的。

2. 社交活動：在開幕前夕，組織者總會安排一次歡迎酒會或其他活動，參展者應充分利用社交活動，盡可能地敘舊迎新，廣交朋友，積極推出公司形象。

3. 經常換班：展台工作十分辛苦，為了銷售成功，絕不能讓人感覺疲憊。因此，一個展台至少要每班安排兩人，每二、三小時就換班一次。工作人員飲食要正常，營養要充分，工作時間太長會影響效率。

4. 微笑待客：展台的銷售人員必須保持微笑，給人親切感。尤其是對那些目光直視你或你的展覽台的人，更要熱情招呼。這些人常常是對你的產品有興趣的買家、潛在的合作者，不可忽視。

5. 明察秋毫：各式各樣的參觀者走到你的展覽台前，甚至開口詢問，但不一定全是買家。展覽台人員必須善於從對方的舉動及問話中迅速發現他的真正動機，判斷其有無與自己做生意的可能。善於發現真正的買家是交易成功的第一步。不要把時間浪費在毫無買賣可能的參觀者身上。

6. 保持聯繫：與任何一位前來你展覽台的參觀者交談完後，不管他是不是你期望的買家，也不管生意是否成功，最好在結束時都說一聲「謝謝光臨，保持聯繫！」

7. 認真聆聽：參展的目的既是為了銷售，也是為了瞭解市場。所以對買家，尤其是真正的買家，你要認真傾聽他的問題、意見。從中瞭解行情、搜集資訊，這些情報既有利於眼前的銷

售，也可作爲日後改進產品，滿足市場需要的參考。

8. 資訊交流：展銷會組織者常在展銷會期間發行簡報和安排專題報告會、研討會等；有些專業研究機構也會利用這種機會進行調查或舉辦講座。參展人員應儘可能地多參與這些活動，並爭取演講的機會，這顯然是宣傳與推銷自己產品的好機會。

9. 多多聯繫：除了事先約好的重點目標客戶外，在參展期間要對所有可能的買家都採取普遍撒網的態度，儘可能爭取更多的客戶與更多的合同。

（三）展銷會結束後的追蹤工作

1. 本地客戶：在展銷會結束以後，應儘量多停留一、二天，以便打鐵趁熱，對本地客戶進行及時追蹤，並拜會新舊客戶，解決在展銷會期間沒有來得及處理的問題。這樣做不僅可以穩定關係，甚至還可以簽訂新的合同。多留一、二天自然會增加一些費用，但總比下次專程前來更爲經濟有效。

2. 整理資料：展銷會一結束就必須對所搜集到的名片及其他資料分類整理，對不同的客戶、不同的資料及時作出補充說明和設立專門聯繫檔案。

3. 評估成績：在國外最爲普遍的評估方法是計算到客戶（非大眾性參觀者）與參展費用的比例。如果參展總費用（來回交通、行李托運、展期住宿、人員補助、宣傳資料印刷、展覽台布置、參展費等）除以到訪客戶總數，每位客戶平均爲新台幣二千元左右，則成績及格，若不到此數就更好。

4. 資訊運用：及時整理參展時的專門市場需求調查及各種印象，將不同年齡、性別、職業者的不同旅遊需求以及最新資訊整理出來。其他還有產品行情、推銷手法等，並迅速將這些情報應

用到公司的行銷策略及產品開發上去。

5.全面總結：總結內容包括：這次參展的成績如何？哪些不足有待改善？來訪者的種類與數量如何？銷售的基本目標有無達成？目前急欲改進的是什麼？下次參加旅遊展銷會還需要注意什麼問題？

6.及時追蹤：爲了強化客戶的記憶，必須在會後及時追蹤，向他們寄出感謝信及其他銷售資料，解答遺留的問題。調查顯示75％的參展記憶可以延伸到第六個星期，到第七個星期就下降爲60％；如果在第十四個星期以前發出銷售或問候信，這個數字又可以回升到70％。

五、編制重要客戶拜訪計畫

任何市場行銷計畫中一個重要部分是重要客戶拜訪計畫，爲什麼要有這個計畫，其理由有四點：一、由於該計畫提供了拜訪重要客戶的優先順序，從而提高了銷售小組的工作效率。二、該計畫有助於認識和改善現有市場客戶不足的問題。三、它提供了建立較好的工作量和追蹤實地銷售小組是否表現出公正和職業道德。四、它有助於決定是否重新配置銷售資源或重新部署銷售人員，從而能得到更大的成效。

下列程序是制訂有效的重要客戶拜訪計畫許多方法中的一種（見表3-3）：

1.爲每一客戶安排一位銷售人員，該銷售人員應完成表3-3中的各欄：

（1）客戶姓名。

（2）接觸的客戶姓名。

第一欄	第二欄	第三欄	第四欄	第五欄	第六欄	第七欄	第八欄
客戶姓名	接觸的客戶姓名	去年拜訪的客戶次數	今年拜訪客戶次數	估計客戶在各酒店停留總夜次	客戶的優先順序（1代表最重要；4代表最不重要）	修正拜訪頻率（見第四欄）	修正客戶優先順序（見第六欄）

表3-3　客戶拜訪計畫表

（3）去年拜訪客戶的次數。

（4）今年將要拜訪客戶的次數。

（5）客戶大致的全部潛在價值（注意：它不僅指在這家酒店預訂的價值，而且指該客戶在當地市場的潛在價值）。

（6）在銷售人員看來，這個客戶的優先順序，其中1代表最重要，4代表最不重要。

　　最後兩欄留給銷售人員和行銷部主任磋商後修正第四欄和第六欄。

2.在銷售人員填完第一欄至第六欄後，銷售部主任應當檢查銷售人員的工作，指出此時所填寫的第四欄和第六欄是否適當。如果不適當，銷售主任應完成第七欄和第八欄，分別指出共同修改的拜訪頻率和客戶的排列順序。銷售人員除用數字表示客戶的價值或權數外，也可根據某種統一，一致同意的制度用紅色代號標出客戶。然後，當銷售部主任同銷售人員討論某些特定的客戶時，標籤的顏色就會立即提醒他們客戶的排列順序。

3.現在根據第四欄數字的總和計算銷售人員在下一年應執行的銷售拜訪次數，如果其中某一銷售人員負責的客戶份量比其他銷售人員負荷小，此時銷售主任應採取以下措施：

（1）增加另外的客戶給該銷售人員，使他們個人的負荷相均衡。

（2）按照市場分割部分作為該銷售人員加大取得進展的責任。

4.第一欄的客戶數應是安排給每個銷售人員拜訪的客戶數之和。當然，按市場分割部分對客戶進行評價，看看每一特定的市場分割部分要產生理想的收益是否有足夠的客戶數量。這種評價可透過把另一欄加到各欄總和的小結表中進行，或者透過對酒店要在下一年取得新進展的每一市場分割部分分別列表的辦法。

5.最後，銷售部主任應確定第一季度的定額，並取得每個銷售人員的同意。隨著酒店對客戶優先順序的改變，第二、三、四季度的定額要跟著調整。根據酒店的需要，這些定額可能、也可能不一定僅限於房夜次目標。如：一個銷售員如果被安排了較重的進展任務，管理人員可能要根據新客戶的開闢、客戶潛力的發掘和客房產生的實際效益來評價銷售員的工作，而不僅只是客戶效益一項。

雖然並非所有酒店的重要客戶拜訪計畫達到了這種現代管理水準，然而上面概述的該計畫可以進行修改以幫助幾乎任何一家酒店實現其目標。實行該計畫最重要之處在於它使銷售員明確瞭解自己的任務以及該計畫會為銷售小組制訂更為實際的定額，為取得新的進展準備更多的時間，就能對現時的銷售力量和開展工作的資源是否足夠進行評價有了一個基礎。

為實現酒店的目標，其他輔助活動日程還可補充到你的市場行銷計畫中，如：很多酒店制訂了周招待活動日程表，幫助市場行銷部主任和總經理記錄某公司的代表要予以招待，為什麼要予以招待。酒店使用的周招待日程表的樣式（見**表3-4**）。

計畫招待的地點（主人姓名）	時間	客人姓名與職務	客人所屬單位	招待的理由	帳單金額
The Belt Bank（Troy）	8 / 6	巴克・霍伊爾執行主席	美國國際酒店	視察工作	
Le Bar（Walsh）	8 / 10	馬吉・康韋地區經理	銷售協會	熟悉旅遊	
			美國運通公司旅遊部		

表3-4　酒店周招待日程表

從一定意義上說，一個局外人可以清楚地看到，酒店是如何認真地審查其計畫（包括預算）已取得的目標市場分割部分、擬定銷售旅行日程表、計畫的招待活動和推銷活動的水準來開闢市場的。具備一個完備的計畫是一家開闢市場做得好的酒店的特徵。

但是，如同編制一份市場行銷計畫那樣困難、耗時一樣，編制計畫僅僅是市場開闢工作的一半，檢查市場行銷計畫作用的真正辦法是看是否應用它。很多公司市場行銷主任同意如下的看法，即某些包含著動人心弦的好計畫在呈交總部之後便束之高閣，某些酒店則實際上把它置於書面形式。儘管這些計畫具有誘人的味道，然而它們的實施遠不如那些到年底已翻舊的、上面畫有許多標記和屬有潦草字體、顏色發黃的計畫那樣成功。坦率地說，這些市場行銷計畫只有在它們被實施時才是好計畫。最好的計畫是那些被當作交通圖來用的計畫，而不是把計畫的制訂當作終結的計畫。隨著業務環境的變化，要經常認識新道路，從而交通地圖也要相應的修正。如同在市場行銷計畫編制初期一樣，如果修改的計畫要取得成功的話，海外駐地人員參加修改是極其必要的。

六、會議報價

在接到客人對舉辦會議諮詢後，會議銷售人員應積極向客人介紹會議廳，提供專業意見，並帶客人參觀場地，再根據客人的具體情況，提出會議報價。

(一) 會議散價

客人僅租用會議廳舉行會議，會議報價包括：場租、茶點、設施設備租金及特殊服務費用。如客人舉辦展覽，租金將加倍計算。

(二) 會議套價

如客人在酒店舉行會議同時還有餐飲、住房消費，可靈活採用包價或套價的形式報價，給予客人適當的折扣。

會議套餐

（有效期至××年×月×日）

××酒店為您奉上真正物超所值的會議套餐，價格為每人每天新台幣××元，全天會議套餐包括：

· 從8:30至18:00使用宴會廳。

· 兩次咖啡／茶附送小點心。

· 行政午餐（中式午餐或西式午餐）。

· 標準會議視聽設備。

· 標準會議文具。

· 商務中心服務享受八折優惠（電信業務除外）。

如果您需要進一步的資料，請與酒店宴會銷售部聯繫，具有豐富經驗的
會議策劃者們將非常樂意為您設計一套精美的會議套餐。
*以上價目另加15％的服務費。
*該會議套餐適用於不少於十人的會議團體。

深圳	電話：	傳眞：	
香港	電話：	傳眞：	

（三）會議報價的技巧

1. 至少提供兩種以上的報價供客戶選擇，並附有會議宣傳手冊、
   樓面服務計畫及酒店情況表。
2. 如客人要求的服務專案不能提供，會議銷售人員應對實際的變
   動做一些建議，應向客人指出原本未包括的必要額外服務專案
   及有關收費。
3. 一旦接到要求，所有報價應在二十四小時內報出（如不能，應
   向客人說明報價的時間）。報價中，應清楚地說明，並向客人說
   明預訂的情況。報價三天後，應跟進詢問客人，並做好時間紀
   錄。
4. 客人的所有進一步要求都應在八小時內予以答覆。
5. 注意價格的靈活，及時徵詢銷售部經理及酒店總經理的批准支
   援，既要滿足客戶的各種要求，又要維護酒店的整體收益，不
   能目光短淺。

4. 酒店會議服務人員

☐ 酒店會議服務人員的配備

☐ 會議人員的培訓

☐ 會議人員的禮儀

酒店會議服務人員的配備

一、酒店會議服務人員組成

為會議提供服務的人員由兩部分組成：一部分是指進行會務組織的工作人員，即會務組；另一部分是酒店會議服務人員。會議服務人員組成應根據會議類型和活動內容來確定。

（一）會務組工作人員

1. 會議計畫人員：他們決定會議目標、管理預算、修訂會議程序和方式、設計會場、監督演講現場、進行現場管理和會後評估等工作。
2. 會議管理人員：他們的職責主要是運用有關的公關技巧，協調能力來完善會議，解決群體問題。
3. 會議服務人員：即會議後勤組人員，他們負責會議期間的客房、餐飲、旅行、會場簽到、財物保管等工作。

（二）酒店會議服務人員

酒店會議服務人員負責會議的接待和會議現場服務。一般包括會議服務經理、接待人員、現場簽到員、會場服務人員、音響控制人員、大廳登記人員、客房服務員、餐飲服務人員、酒店安全、行銷人員等與會議服務有關的工作人員。如果是大型的國際會議，還有大量的志願者來參加會議服務工作。會議服務人員涉及到的層次較多，專業性較強。

只有根據會議活動的特點進行人員配備才能使會議順利進行。作

為酒店來說，既要培養專業性強的技術人員，又要充分採用現有的各種人力資源。酒店應根據自己現有的人力資源進行開發。如有的酒店將安全、餐飲服務員培訓成具有一定技術能力的會議服務員；有的酒店則相反，將會議服務人員訓練成具有餐飲服務等經驗的服務人員為酒店會議服務。

二、會議服務人員的素質

(一) 具有熟練的專業技術和服務技能

熟練的專業技術與服務技能是每一個酒店會議服務人員必備的首要素質與條件。因為，只有具備有關會議設施的安全操作、使用、會場布置、會議接待和會議服務的專業知識，才能為會議提供有效準確的服務。酒店之所以能舉行各項會議，除了設施、場地等硬體條件外，一個重要的原因就是有能力提供專業的會議服務人員，他們能對會議活動進行有效策劃和組織與服務，並能為與會者提供指導，確保會議的成功。專業的會議服務隊伍能對會議市場保持永遠強烈的吸引力，同時為酒店服務樹立良好的形象。

(二) 樂於與人交注，具有人緣和親和力

會議圓滿成功是每一個會議服務人員追求的目標。因此，會議服務人員必須始終耐心、細心地為每一個與會者服務，既要協調整體會議過程，又要真誠、友好地為每一個與會者提供個性化服務。會議服務人員要在繁雜的環境中以開朗樂觀的心情、幽默愉快的態度，做到有求必應，讓與會者感到容易接近。

(三) 善於指導與誘導，具有一定組織能力

會議服務人員既是會場秩序的靈魂，又是與會者心目中的專家。作為會議服務人員，必須懂得與人交流的技巧，適時對客人提出建

議、作出指導，妥善協調各方關係，使與會者能自覺去遵守和執行，始終保持會場活動有序。會議服務人員必須具有號召力，以調動與會者的積極性。

（四）熱愛生活，喜歡與不同文化背景的人打交道

與會者來自不同國家、民族具有不同的文化背景。會議服務人員應瞭解不同國家的風俗和生活習慣，才能有強烈的願望去與客人打交道，為他們提供高品質的服務，並從中獲得寶貴的人生經歷。

（五）具有適應多種工作角色的能力

因酒店經營活動的變化和會議活動的差異性，會議服務人員永遠處於動態的環境中。一個會議服務人員至少應學會兩個崗位以上的工作，這就需要不斷地加強培訓、更新知識，使自己能根據酒店經營活動的變化來調整自己的角色，以便能及時勝任新的工作。

會議人員的培訓

酒店會議服務人員應在每一次會議前進行有目標性的系統培訓。

一、培訓的作用

（一）提供優質服務、兌現對客承諾保證

越來越多的酒店為了自創品牌或保持聲譽，十分重視對員工的知識、技能、態度的培訓，它們充分認識到透過培訓可以使服務人員熟悉會議產品，掌握會議銷售技巧和服務技能，從而保持優質的服務。對新員工而言，需要透過學習來掌握會議服務所需的知識和技巧，在

此基礎上就可以由老員工帶領進行實踐活動，對老員工來說，隨著服務工作中問題的產生、服務程度的改變以及會議客人的特殊要求，他們也需要接受培訓。

（二）促銷作用

會議銷售離不開專職的會議銷售人員，而會議服務人員也都是潛在的推銷員，他們每一次優質的服務就是一次成功的促銷，是客人再度光臨的關鍵。

（三）激勵作用

對於有成長需求的員工來講，培訓是學習提昇的機會，因而酒店也可將培訓看成是一種獎勵投資，用以增強工作的責任心，提高士氣和團隊精神，從而降低人員的流動性，減少損失。

（四）增加溝通的機會

透過培訓可以讓會議人員直接瞭解酒店銷售會議產品的目的和收益，學習正確的銷售和服務方法，並反饋客人意見，從而主動配合酒店的發展。而就某一具體會議而言，繁雜的細節資訊可以透過培訓的形式統一整理、傳達，避免因資訊溝通發生阻礙而造成失誤。

二、培訓的原則

（一）實用性

要讓會議人員經過培訓後，對所需服務的會議有一個全面的瞭解，真正對他們的實際工作有幫助；尊重他們已有的工作經驗，鼓勵參與，共同討論，使之在原有基礎上有新的提昇。

（二）針對性

要針對會議的性質、與會者的對象、會議議程、會議活動等要求進行培訓。

（三）持續性

經常的培訓、不斷的學習、反覆的強調，對於會議服務人員的提昇是很有必要的。培訓是一項系統工程，只有定期的實施，才能保持優良的水準。

三、培訓的形式

（一）課堂的講授

適用於知識的講解，在所有培訓活動中占20％。在會議培訓中適合對會議主辦單位特徵、性質要求及關鍵點作介紹。

（二）實踐操作

任何一個會議的服務，都有自己的要求，所以要強調進行大量的實踐、操作培訓。這在培訓活動中占60％。可以是培訓老師示範表演實踐、學員進行角色扮演，也可以是會議服務的預演。此種培訓形式特別注重人的技能和經驗的培訓，有利於塑造出熟練、優秀的會議人員。

（三）案例分析

蒐集每一次會議活動的資料，認真閱讀客戶資訊意見表，找出問題，再利用培訓活動講解，能達到舉一反三的示範所用。

（四）培訓的內容

　　會議服務培訓的內容是讓酒店服務人員成為會議服務的專家，使會議服務人員達到以下要求：

1.熟悉酒店會議產品。

2.瞭解當地各會議組織機構、承辦機構以及競爭對手的情況。

3.熟悉會議銷售技巧。

4.掌握與會議相關的各種服務特殊要求，如：餐飲、娛樂、禮儀等。

5.建立良好的客戶關係。

　　酒店會議服務培訓分為針對性培訓和常規培訓兩種。

（五）針對性培訓內容

1.會議的基本背景資料：會議服務的成功是建立在對會議的基本背景及涉及到基本內容的全面瞭解兩者基礎上。會議的基本背景資料大致包括以下內容：

（1）與會者的種類及職業（推銷人員、經理、營業主管，專業人員如：醫生、教師、律師等）結構。

（2）與會者會後能做什麼。

（3）為完成會議目標，需要為與會者提供什麼（資訊、培訓、激勵、技術、觀念）。

（4）與會者期望從會議中獲得什麼。

（5）會議的具體目標，大會、討論會及各次分會的目標。

（6）達到會議目標所需要的環境。

（7）與會成員是否熟悉會議主題。

（8）與會成員中是否對會議安排和會議內容有不同的態度和觀

點，爲什麼？

（9）與會者是否屬於同一團體。

（10）交流手段是否複雜。

（11）會前是否用特殊的宣傳方法來提高與會者對會議內容的興趣。

（12）會議組織對會議的地點、時間、衣著以及管理者的出席和演說的要求。

2.會議計畫內容：每一個會議計畫需要包括很多內容，而這些內容對會議服務來說非常重要，會議計畫常見內容包括：

（1）列出會議工作人員、VIP和與會者到達和離開時間。

（2）登記程序及所需的人員、設備和用具。

（3）列出客人所住房間的總數和具體房號。

（4）列出VIP名單及其頭銜。

（5）列出會議工作人員的姓名和職位。

（6）會議付款程序，包括會議主管姓名。

（7）每日會議日程表。

（8）列出餐飲菜單、會議廳布置的詳細計畫，如：提供何種裝飾物、主席桌的數量、主題桌上的人數、每位服務員服務的人數、時間、小費的數量。

（9）列出特殊活動，包括地點、聯繫人、電話和費用。

（10）列出視聽設備，何時何地需要及費用。

（11）列出其他設備，如：椅子、講台、桌子的數量和種類。

（12）列出地方供應和服務部門的地點、電話號碼，包括：股東公司、運輸公司、汽車出租公司、有能力的經紀人、旅行社和當地主要航空公司的辦公地點等，如果是國際會議還應包括貨幣兌換室、翻譯處等。

（13）列出酒店關鍵人物，特別是會議服務經理，包括地址和電

話號碼，列出與會議有關部門主要人員的電話和地址。

（14）需要補充的資訊。

（15）只限內部專門使用的所有合約和信件的附本。

3. 會議交流形式：會議交流是會議達到成功的保證，只有根據會議的內容合理安排交流形式才能使會議成功，這也是會議服務的核心內容之一。在會議這個相對集中的團體中，會議組織形式的不同使每個與會者在團體中的位置、作用和價值也就不一樣，最終影響到會議交流的效果也不同。會議交流形式可分為：

（1）隨意型：每個人可以根據自己的喜好表達自己的思想和行為，不受任何原則和制度的約束，這種會議交流形式是一種被動的領導會議的方式，如：討論會等。

（2）集中型：極少數人支配著大部分人的意願，與會者只能根據少數人的指令和指示行事，因此與會者不能真正理解會議的宗旨和內容。這種會議具有一種獨裁氣氛，會議的最終結果完全取決於會議支配者。

（3）民主型：與會者在一定原則和制度下進行的自我控制，由他們自己選出會議領導來主持會議。這種會議給人們提供了自由發言和發表自己意見的機會。

在現代社會中，上述三種會議交流形式並不單一存在，在交流中往往是相互吸收了其他會議交流形式。要分清會議形式的特點，應根據會議的實際情況來確定。總之，一個良好的會議交流形式要求減少對與會者的外部控制，增加與會者的自我內部控制。

4. 會議議程與議題：議程是由為完成會議目標的詳細活動程序所組成，它是指會議完整過程的安排。會議議程的安排受到很多因素的影響，但無論採用何種議程形式，都應保證資訊的傳遞，以利於達到會議的目的。會議議題是指由會議組織單位主

管部門提供，也可由部門負責人員蒐集。會議議題是會議的核心，只有確定了議題，才能有會議。會議議程確定了議題討論的先後順序。會議議程的合理安排就是為了更有效地解決會議議題，這就要求提交會議討論的議題必須屬於會議討論的範圍之內，並且有一定的資料，便於事先列印並印發給與會者商議。

（1）會議議程的特點

　　‧執行：議程目標是組織者和與會者在每一步驟和最終過程中所欲達成的目的，議程目標應為執行的結果。

　　‧狀況：議程目標描述執行者將遇到的情況。

　　‧標準：能接受的執行標準，說明完成到何種程度。

（2）會議議程結構：會議議程結構包括了會議議程目標的所有特徵。

　　‧編制目標清單表。

　　‧決定最有效的會議形式。

　　‧根據與會者的情況，安排最佳會議時間。

　　‧決定最適於完成目標的方法。

　　‧聘用有資格的專家，如：演講者、培訓者等。

　　‧編制最有效的會議時間表。

5.會議活動所涉及到的各個環節

（1）管理項目

　　‧會議目標的確定。

　　‧預算：a.初步預算。b.核實預算。c.編制最終預算。d.最終預算認可。e.會計及預算控制系統。

　　‧人員的確定：a.上次會議的人員。b.會議計畫人員。c.現場管理人員。d.秘書人員。

　　‧服務專案的確定：a.視聽設備。b.展覽。c.裝飾。d.旅行

目的地。e.用品的運輸。f.保險。g.飲食。h.列印。i.宣傳
／市場。j.指標標誌。k.設備租賃。l.律師代理。m.護照
／簽證。n.現金兌換。o.同步翻譯。p.翻譯員（母語和外
語）。

· 談判場所。

· 簽合約場所。

· 展覽。

· 展室分配（計畫）。

· 緊急專案。

· 醫務準備。

· 傷殘人士服務。

（2）餐飲項目

· 食品：a.營養搭配。b.早餐。c.午餐。d.晚餐。e.宴會。f.
旅行飯盒。g.用餐場所。

· 飲料：a.營養搭配。b.招待會（飲料、小吃）。c.招待宴會
（飲料、小吃）。

· 特殊活動餐飲：a.旅遊。b.公司招待會。c.體育活動。d.
比賽。e.舞會等。

（3）場所安排

· 客房：a.單人房。b.雙人房。c.套房（以及房間數量）。
d.VIP（重要或關鍵人物）的房間。

· 會議室：a.廳室。b.布置。c.大小。d.地點（位置）。e.走
道。f.活動。g.娛樂。

· 簽到。

· 會議主席台。

· 宴會室布置（招待會、歡迎會、舞會、娛樂活動、宴會
等）。

‧列印室：a.大小。b.布置。c.電話。d.電腦。

（4）會議進程安排

　‧目標：整個會議及各分會的計畫目標。

　‧日程時間表。

　‧演講者：a.數量。b.演講內容。c.總結（培訓）。d.主持人。e.合約。f.所需設備（視聽設備、布置、同步翻譯、列印）。

　‧現場管理：a.日程控制時間表。b.會議期間的往來控制程序。c.指標標誌。d.會議主席。e.聯絡程序（會議期間及緊急聯絡信號）。

　‧臨時變更程序。

　‧空間的需要。

（5）交通項目

　‧交通工具：a.飛機、汽車、火車等。b.來回票：組織支付、個人支付、費用、VIP的特殊價格。

　‧旅遊：a.旅遊（成本、指南、餐飲、保險等）。b.接待活動（機場、車站接送、租車、運輸）。c.路途中的特殊活動（釣魚、打高爾夫球、鍛鍊活動、中途用餐）。d.與旅行社的合約。e.內部完成的運輸。

（6）會議內容資料

　‧新產品資訊。

　‧舊產品資訊。

　‧新觀念。

　‧需解決的新問題。

　‧應解決的老問題。

　‧廣告活動。

　‧市場目標。

．新政策。

．舊政策。

．指南。

．訓練程序。

．新資料。

．專業資料。

．其他內容。

（7）會議選用形式

．全體會議。

．主題小組會。

．座談會。

．辯論會。

．討論會。

．提問式會議。

．培訓會。

．電話會議。

．視訊會議等。

（8）視聽設備配置

．音響系統。

．視聽設備。

．錄影、錄音。

．圖片、電影。

．投影機。

．幻燈機。

．電腦。

．螢幕（尺寸）。

．特殊燈光。

．閉路電視。

．表演舞台。

．講台。

．空間設備。

（9）會議其他活動安排

．與會議內容相關的參觀、旅遊活動的安排。

．娛樂活動安排。

．體育活動安排。

．其他相關活動安排。

（六）常規培訓內容

常規培訓是涉及到會議的各部門、職位對會議銷售、接待和服務基本技能的培訓。下面是有關會議銷售人員的常規培訓內容：

1.怎樣接聽預訂電話？

（1）向客人表示問候（如：Good Morning，×××Hotel, May I help you？您好，××酒店，有什麼可以幫助您的嗎？）

（2）記錄該公司名稱、地址、組織者姓名、電話、傳眞號碼、會議日期、會議類型、人數、餐飲和會議安排及要求。

（3）向客人致謝，並告知我方將儘快發報價資料。

2.怎樣製作指示牌？

（1）向客人詢問指示牌字樣及具體要求。

（2）根據客人的要求在電腦上製作，並提前一日列印出來。

3.怎樣做文件檔案？

（1）將已開完會的文件資料整理後，歸入獨立的文件檔案，並在右上角寫明該公司名稱及註明會議的時間和類型。

（2）將文件檔案按照字母的排列順序放入文件櫃內，以便日後

查詢。

4.瞭解會議的設施、面積、房間設置、宴會廚房菜單等。

（1）瞭解會議廳的地點及各部分名稱。

（2）瞭解會議廳的經營時間及特點。

（3）瞭解會議廳的面積及座位數位。

（4）瞭解各種會議之擺放位置。

（5）瞭解中餐、西餐、自助餐等菜餚知識及服務程序。

5.如何安排宴會單？

（1）將該宴會的合約書及相關資料仔細翻閱，並向會議組織者詢問有關不明事宜。

（2）將該宴會的公司名、組織者、日期、宴會種類、時間、地點、人數、房間設置、付款方式、工程部安排、廚房安排等按照宴會安排單的格式一一列印出來。

（3）交宴會經理核對審批後，分發至各部門，並將原件保留。

6.如何更改單？

（1）收到客人的傳單並與會議經理確認後，根據所改之內容列印更改單。

（2）待會議經理校對簽名後，發至相關部門，並將原件保留。

7.如何在宴會開始前核對宴會安排單？

（1）通常核對宴會安排單是在宴會開始的前兩天。

（2）核對主要部門，如：廚房、宴會廳、工程部等是否收到宴會安排單。

（3）針對特殊性問題加以強調，如：需要一個栗子生日蛋糕，蛋糕上奶油字樣爲：「阿龍，生日快樂！」

8.如何做感謝信？

（1）向該會議的銷售經理詢問該會議主要負責人的姓名、公司名及傳眞號碼。

（2）根據該宴會的具體內容製作感謝信，如：「感謝您在××酒店舉行這次重要的研討會」。

（3）該會議負責經理簽名後，由公關部發函客戶。

9.如何做銷售拜訪？

（1）調查客戶的歷史資料，以瞭解過去酒店是如何滿足客戶需要。

（2）預先計畫銷售會面的內容及設定拜訪目標，如：推薦酒店服務專案、禮貌性拜訪、建立親善關係、瞭解客戶的需求等。

（3）拜訪時向客戶致以親切問候，吸引客戶的注意力。

（4）拜訪需要提前到達，以表現出銷售人員的誠意和責任感。

（5）儘量縮短拜訪時間，讓客戶知道專業的銷售人員很繁忙，時間就是金錢。

（6）銷售人員談話時間不宜過長，聆聽可獲得比談話更多的資訊，因此，銷售人員應儘量聽取客人的需求和意見。

（7）主要介紹該專案能給客人帶來的利益，而不要著重介紹專案特點。

（8）結束會面後，應馬上執行書面跟進工作，對於客人諮詢的資訊，應作出最快的回應。

10.如何核對付款方式？

（1）會議開始前看客人是否交過訂金並核對該會議的付款方式。

（2）待會議結束後買單時，需要檢查房帳、酒水單等帳單，看是否有遺漏的地方。

11.如何填寫客戶資料？

資料卡應按字母排序，便於查閱，有目錄標誌後放於指引資料盒內，每張卡應包含以下資訊：

（1）公司或帳戶名。

（2）地址。

（3）電話號碼。

（4）主要聯繫人的姓名、職位。

（5）位置（部門、分公司）。

12.如何與客人進行洽談？

（1）根據每次銷售洽談的對象制訂具體的目標。

（2）堅持計畫書中所述的條款，最後確定達成業務。

（3）獲取關於客戶業務潛力的最新資訊。

（4）帶領客戶進入到銷售洽談的主題。

（5）擴大雙方的洽談範圍。

（6）重點描述共同利益，使客戶感到售方的合作誠意。

（7）重提過往的銷售洽談結果，為本次洽談指明方向。

（8）表明能向客戶提供的特有設施和服務以及給客戶的利益。

（9）加強彼此的合作關係。

13.如何處理投訴？

（1）首先要保持冷靜，相反之意見並不意味著拒絕，不需緊張。

（2）當客戶提出反對意見時，必須更留心傾聽，作出適當的回應。

（3）要求客戶解釋反對意見。

（4）認識客戶的問題和關注的事項，表現出同情和理解，讓客戶清除心理防線的同時，找出解決的方法。

（5）確保客戶同意你提出的解決方法，以及雙方完全明白是如何解決問題的。

會議人員的禮儀

一、會議服務人員基本禮儀

會議服務人員基本禮儀主要包括儀表、舉止、姿態、神態、服飾、言談等各方面。

(一)儀表

給人印象的好壞，首先取決於儀表，因此儀表被稱為是交際中的第一印象。公共關係人員的儀表，對接待工作的影響是不可低估的。端莊、整潔、美好的儀表，能使客人對你產生好感，有利於提高接待工作的效果。一個人的容貌天生不可改變，但氣質的優劣、風度的雅俗，以及是否有吸引人的風采和魅力，都可以從其眼神、舉止、姿態、笑貌，以至服飾打扮上反映出來。同時應注意不要矯揉做作，要保持最佳狀態的自我。這既是個人修養的表現，也可以反映出服務人員的工作水準、辦事效率。

(二)舉止

舉止在交際中被稱作無聲的語言。優雅的舉止，可以推動會議活動正常運行。因此，無論做什麼事情或是參加什麼活動，都不能毛毛躁躁，要忙而不亂。在一般會議接待中，舉止要自然隨和，彬彬有禮，動作穩重得體，大方而不做作，顯示出很強的自尊心和自信心，刺激對方產生與你建立交際的欲望。

(三)姿態

良好的姿態，是體現儀表的重要內容。「站如松，行如風，坐如

鐘」是古人對姿態美的形象概括，對我們今天來說，站：要給人挺、直、高的感覺；行：要輕、靈、巧；坐：要端正、舒適、自然、大方。

（四）神態

俗話說，「眼睛是心靈之窗」。眼神能表現出一個人的內心世界。眼神應該是自然、溫和、穩重，使人感到親切。會議服務人員在接待客人時的神態，應該是和顏悅色，帶給客人一種滿意和友好熱情的情感，增加進一步交往的機會，因此要注意不要總是繃著臉，顯示出很嚴肅的樣子。

（五）服飾

衣服是無言的文化，最能體現出個人風格和職業特點。得體的服裝及合適的飾物，反映了服務人員的審美情趣和修養，同時也可以反映出對客人的態度。因此要學會用服裝來美化自己的形象。

（六）言談

與人交談是會議服務工作的重要內容，是接待成敗的關鍵。因此言談一定要注意禮節。要使談話達到預期的結果，應注意以下幾點：

1. 要用明朗的聲音主動與客人打招呼：談話時態度要真摯、熱忱，讓客人感到很親切。
2. 談話時要注意目光：與客人交談時，特別要注意自己的眼神，目光的高度要適中，可輕鬆自然的注意對方的眼睛或頭部，不要左顧右盼、東張西望、視線不固定。也不要死盯住對方，讓客人感到不知所措、惶恐不安。和異性談話時，注意不要用含情脈脈的眼神看著對方。
3. 談話時要注意小動作：當客人交談時不要看書、看報、看文

件；或是面帶倦容、不斷地打哈欠、剪指甲，整理衣服。也不要將手抱在胸前，或翹著二郎腿不停地抖動。這些小動作，或許自己不在意，但卻會給客人留下不好的印象，他會覺得你精神不集中，不願聽他講話。因此，他也不願同你交談。

4. 注意談話時的手勢：與客人談話時，可用一些手勢加強語氣、強調內容，這樣可以加強語言效果，但手勢不宜過多。更不要用手指著人說話，或反覆做一個同樣的手勢。

5. 與人交談要面帶微笑：與人談話時，臉上要帶微笑。微笑是一種無聲的語言，接待客人時面帶微笑，會顯示出你所具備的涵養和工作水準。微笑要自然、親切，不要讓人感覺到是皮笑肉不笑。辦公室裡來了客人，不管是否認識，無論你當時什麼心情，感覺如何，都要面帶微笑向客人致意。一個面帶眞誠、善良微笑的人，誰都想接近他，和他交朋友，同時，也會送給他許多微笑。

6. 與客人交談時，不要受自己情緒支配。

7. 與客人交談時，不但要善於說話，而且重要的是要善於傾聽客人的說話。在說話時，要表現得大方、自得、誠懇、精神集中，言語要親切、和氣，說話速度要適中，談吐咬字要清晰。耐心地讓對方把話說完，並要不時的表示「哦」、「是」、「是嗎」等，以引起說話人的興趣，引發對方說出你感興趣的話題。如果別人講話時，你想插話，請用商量的口氣：「請稍等一下，我想提個問題可以嗎？」切不可粗暴地打斷別人的話。在聽客人談話時，要能控制自己的感情，不要因談話內容而過於激動，要從對方談話的聲調、情調、態度以及表情、手勢等動作中，瞭解對方的本意。

二、會議諮詢服務的禮儀

（一）負責會議的接待與嚮導諮詢

具體包括以下活動：

1. 簡單會議狀況介紹。
2. 會議活動安排及會議室分布。
3. 簽約儀式、主題演講、論壇等時間地點。
4. 酒店周圍的環境指引。列車、航班及當地交通的查詢。
5. 酒店與承辦會議相關的部門，及其電話、負責人的聯繫、諮詢、引導。
6. 協助發放會議指南與會刊、會訊、簡報等。
7. 負責會議組委會的安排。
8. 緊急任務及投訴的處理。

（二）迎客禮儀

在迎接客人時，要事先瞭解清楚來客的身分和職務，以及來訪的目的。

1. 客人到達時，應表示問候和歡迎，說一些如：「一路辛苦了，歡迎你的到來」的話，然後立即向客人介紹自己，並告訴客人怎樣稱呼你。隨後把客人提的行李接過來。但如果客人執意要自己提的東西就不必強求，在客人沒有充分瞭解你之前，他是不放心的。為避免出現難堪的場面，最好尊重客人的意願。
2. 客人到達後最關心的就是日程安排，所以當客人未抵達之前，應把活動計畫安排妥當。客人一到，就把日程安排表送上，並徵詢其意見，讓客人感到被會議組織者重視的感覺。這樣客人也可以據此安排一些私人活動。

（三）介紹禮儀

會議期間，舊友相逢、新友相識免不了要相互寒暄、問候。首先，在較爲正式的場合，一般介紹的原則是：

1.把年輕人介紹給年長者。
2.把男士介紹給女士。

一般在介紹中，先提某人的名字是對某人的尊敬。介紹時，最好是姓與名並提，也可以順帶其職務、職稱、喜好及專長。如果是非正式場合，大家可以輕鬆、自然地進行介紹，不必講究順序。

其次，爲別人作介紹時要注意的禮儀。

1.先向雙方打招呼：「請讓我介紹你們認識一下好嗎？」
2.介紹認識之後，不要馬上走開，直到雙方談話比較熱烈時，再找機會離開。
3.介紹時要做到口齒流利、發音清楚、實事求是，措詞可以誇張些，但不能過分。
4.介紹時，帶些許手勢指稱會讓場面氣氛更加融洽。

（四）送客禮儀

1.協助辦好返程手續。
2.對外地來的客人要準確掌握其離開本地時所乘飛機、火車、輪船或其他交通工具的離開時間。儘早通告客人，使其能夠及早準備。
3.送客時，心不在焉或東張西望，會讓客人覺得很不禮貌。
4.將客人送出門後，切忌立即把門「砰」地一聲關上，「啪」地一聲把燈熄滅。這種不禮貌的行爲，不但令人反感，也失去招

待客人的意義。

三、會場服務禮儀

1. 遵守會場規定，不要隨意翻看會議文件，不要打聽會議內容，對所聽之會議內容不隨便談論等。
2. 保持會場安靜，在服務過程中，要儘量避免發出聲音，影響會議。
3. 服務中儘量不要打擾發言者，或正在討論中的人。
4. 服務完畢應儘快離開會場。

四、會議儀式禮儀

（一）瞭解名單

服務人員要詳閱參加開幕式、閉幕式等儀式的賓客名單，及邀請出席的政府領導、知名人士、同業代表、新聞記者、本單位員工代表等。

（二）按擬定儀式程序準備

1. 宣布典禮開始。
2. 宣讀重要賓客名單。
3. 致賀詞。
4. 答詞。
5. 剪綵等。

（三）安排好接待有關事宜

簽到簿是否準備好；是否有專人負責接待來客；剪綵、錄影、攝

影等服務人員是否就位。這些工作在舉行儀式前，一定要落實。

　　這類儀式的形式比較簡單，時間也比較短，但要讓整個儀式呈現熱烈、隆重、豐富多彩，給來賓們留下強烈又深刻的印象，是一件很不容易的事情。因此，要求服務人員事先做好充分的準備，既要有熱情的舉止，又要有冷靜的頭腦。

5. 酒店會議產品出租

□ 酒店會議預訂
□ 酒店會議產品出租

酒店會議預訂

一、酒店會議預訂應考慮的要素

（一）會議組織者所提供的會議情況資訊

1. 會議的會員情況。
2. 一年中會議的次數。
3. 會議持續的時間（到達與離開時間）。
4. 出席會議的人數。
5. 喜歡何種類型的客房和會議室及其原因。
6. 會議種類。
7. 負責人情況。
8. 對決策者有幫助的其他出席人員的資訊。

（二）會議預訂內容與酒店服務一致

1. 酒店所能滿足會議的各種條件。如：會議室的大小、會議設施、服務標準安全規格等。
2. 酒店管理者安排行銷人員進行內部檢查，向各部門經理介紹情況。
3. 服務的承諾：保證會議室會議期間的有效使用以及有效的視聽設備等。因為在同一時間內酒店常同時進行幾個會議，條件差的酒店常常不會使人滿意，尤其是當承諾的條件在現實中未能兌現時，會議組織者就會感到受騙上當。

4.在會議期間要求酒店保持酒吧、宴會、娛樂活動室和餐廳的走道進出暢通。

5.會議服務經理要有預先準備，提供多樣的服務形式，保證與會者的要求得到滿足。

（三）酒店會議的服務條件

會議服務最重要的是酒店要有經過專業培訓，有良好的服務態度和熟練於服務技能的員工。他們必須認識到每一位會議代表的重要性，同時，應和會議組織者合作來協調會議活動，將所有事情處理得圓滿、周到。

另外，酒店要和會議組織者為會議代表提供作息時間表和使用酒店服務設施的資訊。如：特別的娛樂設施、導遊服務和高品質的餐飲服務。

無論程序設計得多麼完美，會議的最後時刻都有可能出現一些意外情節，可要求酒店協助會議組織者恰當地解決這些突如其來的棘手問題，以取得會議的成功。

二、會議預訂的目的

組織召開一次會議，對組織單位來說是一個複雜的系統工程，涉及的客人、酒店產品和部門範圍廣、人員多、細節繁雜、容易出錯，因此需要提早作出安排，事先向酒店徵求預訂意見，這樣才能保證會議組織嚴密、服務專業，還可節約經費。如果不做預訂而臨時要入住酒店，遇上酒店住房尖峰期酒店無法滿足會議住房要求，就會影響會議如期、圓滿地召開。

而對於酒店來說，會議預訂一方面能提高酒店的客房入住率，增加餐飲收入；另一方面，酒店要滿足預訂要求，就需提前做好各方面

的準備，才能確保會議順利舉辦，提高服務品質；酒店對會議預訂的限定政策還能保護酒店，減少損失。

隨著社會經濟政治的發展，酒店服務也逐步走向多元化，酒店提供的會議服務即為其中一項重大變革。

（一）是酒店重要收入來源

酒店收入只有兩種：客房和餐飲。即使在當代，這兩者也是主要收入來源，但會議收入的利潤也是相當高的，因其是合兩者特點為一，即集客房的空間費和餐飲的飲食費為一體。會議要收入一定空間占用費，又要按一定標準收取食品費，其利潤已超過客房和餐飲。隨著經濟發展，企業向外擴張，在酒店召開會議的機會增多，這為酒店宴會部提供了大量的商機。因此從經濟利潤面考慮，宴會部是當代酒店不容忽視的部門。

（二）是酒店向外擴張的良好途逕

一個酒店的廣告宣傳固然重要，但口碑相傳也不容忽視。會議一般接待的均是經濟效益好、有實力的企業，酒店透過對會議的良好服務，使其認同本酒店的服務，這是完全切實可行的方法。而這類企業一般交際廣泛，業務來往範圍大，他們間接可為酒店做到良好的宣傳作用。因此具備優質的會議服務，既樹立了酒店的良好形象，也為廣招客戶提供了前提。

（三）會議使酒店設備跟上時代步伐

當今社會，什麼變得快？沒人會說是床、餐具，但不得不承認是科技和電子技術，而今，會議服務的成功就主要賴於此。試想一個五星級豪華酒店，而其會議廳因設施不足承辦現代商務型的會議，會給人何種感覺？因此，酒店會議服務應在硬體設施上密切關注市場，以便隨時更新設備。

三、會議預訂的形式

會議預訂一般是以會議銷售爲基礎，或者說是酒店會議銷售的成果，一般有兩種方法：

（一）與會者個人直接向酒店預訂

會議組織者與酒店達成協定，與會者直接向酒店預訂房間，並根據已達成的價格標準直接與酒店結算房費，通常按與會組織者商定的優惠價格結算。

根據協定，要求會議組織者將預訂表和其他資料一起寄給與會成員，與會者個人要直接把卡寄回酒店預訂部。現代通信技術爲酒店直接接受單個與會者的預訂提供了技術上的保證。

酒店使用的預訂系統對蒐集資訊是很重要的。這個預訂系統包括下列因素：

1.明晰、簡單

（1）簡明，使用通用術語。

（2）留有足夠的書寫空間請客人手寫或打字。每一次都要考慮爲標準打字留下地方。

（3）所用紙頁適合於圓珠筆或簽字筆書寫。

（4）用多個欄目的表格，每部分由數字或顏色代碼標誌。爲準確起見，貼上清楚的標籤。

（5）用標準尺寸的表格以便存放。

訂房單

reservation / adjustment / cancellation

訂房 / 更改 / 取消

Mr / Mrs / Miss：
先生 / 女士 / 小姐：_____

A / C#
帳號：_____

arrival：
入住日期：_____

departure：
退房日期：_____

accommodation：
房間種類：_____

rate：
房價：_____

method of Payment： ☐guest：☐room only on company account
付款方式：　　　　　客人自付　公司只付房費
　　　　　　　　　　☐all charges on company account
　　　　　　　　　　公司付所有費用

remarks：
說明：_____

_____

_____

company name：
公司名稱：_____

caller：
聯繫人：_____

Tel / Fax#
電話 / 傳眞：_____

reservation clerk：
訂房職員：_____

date：
日期：_____

approved by：
批准人

2.蒐集足夠的資訊

（1）到達和離開的時間。

（2）價格要求（除非協定中確定價格）。

（3）要求的房間種類。

（4）團體人數。

3.提供足夠的資訊

（1）列出需要去尋找和參考的其他資料。

（2）提供房間可供使用的時間。

（3）指出所有預訂都需要押金。

（4）直接使用標有回信地址的表格或詳細指出預訂送到何處。

（二）會議組織團體預訂

與會者直接向酒店預訂雖然能滿足他們個人的要求和喜好，但是卻給酒店工作增加了很多困難，而且，會議組織者無法及時準確掌握出席會議人數。

雖然預訂答覆卡是最常見的辦法，但並非每個酒店都使用這種方法，許多酒店寧願從會議組織者那裡得到一份統一的客房使用目錄，也不願從會議成員那裡獲取單個預訂卡。

使用客房目錄時，預訂答覆卡不是寄回到酒店，而是寄到會議組織者處。會議組織者根據收到的答覆卡準備一份統一的與會者所需客房的目錄表並在截止日期前答覆酒店。房間目錄的追蹤文件應該有足夠的寄送時間。

會議團體通常使用客房目錄，這種方法帶有強制性。

下面為會議客房目錄、酒店客房合約書及會議預訂確認書樣本。

會議客房目錄

團體名稱：_____ 送至：_____

日期：_____

團體人數（住宿）：_____

姓名	到達日期	離開日期	客房種類	同住人員	客房人數	小孩	備註

　　十間或以上的訂房要求必須經過酒店銷售部門來進行預訂，並透過書面的團體訂房合約加以確認。

　　酒店與團隊訂房單位簽訂客房合約既可以用表格的形式，也可用文書形式；表格式合約簡潔明瞭，而文書式合約則使用靈活，可根據實際情況隨時增減合約內容。

××酒店客房合約書

　　此項文件作為××酒店團體客房的意願書，請仔細閱讀以下條款說明，如欲變更希望能來函說明。

1.客房住宿

　　我們目前預訂_____ 間客房，到達店和離店日期如下：

　　到達：_____

　　離店：_____

　　請注意我們的簽出時間為_____，簽進時間為_____之後。

　　接受會議預訂的截止日期為到達前一天，在截止日期後酒店將無法保證所需要客房，但我們將儘量滿足貴方的要求。

2. 客房價格

單人房：_____

雙人房：_____

套房：_____

以上價格不包括酒店稅。目前稅率爲_____ %，如有變化將不予通知。

我們明白每個人必須爲客房費、稅收以及額外費用負責。

3. 預訂程序

××酒店將爲貴方提供免費預訂卡，預訂資訊附於該文件中。如果使用信用卡或有訂金保證，所有到下午六點以前的預訂將予以接受。如果在到達前_____ 小時取消預訂，訂金將予以退還。

4. 總帳和結帳程序

如果貴方將採用付帳結帳形式，必須事先向酒店提供信用證明。

在此附上信用申請，該表格必須塡好並寄回酒店，同時說明貴方將在收到所有帳單後 _____ 天內付清全部帳款。

酒店擁有批准和拒絕信用申請的權利。如果所出示的信用證明被拒絕，根據酒店規定，所有款項必須提前 _____ 交付清。

帳單將在貴方離開酒店之前重新檢查。

酒店必須收到被授權在總帳上簽字人員的名單。除規定的人員外，其他任何人不得在總帳上簽字。

5. 免費客房

我們同意每預訂_____ 間客房給予一人免費客房。這些免費客房可以爲單人、雙人或套房。（一個套房也可作爲一間免費客房計算）。

這些客房將於_____ 提供，離開日期爲_____ 。

酒店必須擁有享受這些免費客房人員的名單，免費客房將根據每天所占用的客房數來給予。

6. 停車場

  酒店對每一個登記入住客人提供免費停車。非登記入住但在本酒店參加會議客人的停車費用為_____。

7. 會議室租用和租金

  請附上貴方會議活動日程複印件，如有變化應儘快通知酒店。會議室的租金將根據團隊占用_____客房數而確定。如占用_____間客房，則會議室租金_____。

  如果需要其他精心設計的物品，酒店將根據所花費額外勞動成本而計價。

  準確的會議日程安排必須於會議開始前_____天呈報酒店。

8. 視聽設備要求

  酒店將為會議提供所有視聽設備。

9. 宴會

  宴會價格將在會議開始前_____確定，所選定的菜單將於會議開始前_____通知酒店。

  若就餐人數少於_____人，酒店將增收_____服務費用。

10. 酒類服務

  這類價格必須於會議開始前_____確定，所有的飲料將以瓶為單位售出。為了使您感到方便，附上一份最新菜單建議。

11. 取消預訂

  所有團體，無論何種理由如欲取消合約中已簽訂的客房和會議設施預訂，有責任向酒店說明。

  如果未能在有效的時間內通知酒店取消預訂，由此而帶來的損失將由賓客予以賠償。

  取消預訂的通知至少應在_____內收到。

  如果同意以上協定，請在此文件上簽字並將此文件和信用申請寄回酒

店，以利於酒店在更加確定的基礎上履行合約義務。

貴方在此份文件上的簽名將構成合法的客房和會議預訂，但是它並不能保證客房成本不變，其成本將根據酒店與賓客所達成的最終協定而確定。

客房合約書附信

感謝您將＿＿＿＿ 酒店作為自己舉辦活動的場所，我們將努力使您舉辦的活動獲得成功。

以下是簽訂客房合約的主要要求：

1.審閱合約以及合約中的預訂程序。

2.指出合約中需要更改的地方或錯誤。

3.在合約上簽字。

4.根據規定日期向酒店寄回合約文本複印件。

我們衷心希望為您的客人提供服務。再次感謝您選擇＿＿＿ 酒店。

此致

敬禮！

為保證客房預訂有效，請提前一個月回函。

當酒店收到客房目錄時，客務部要為會議團體安排房間並為客人預先登記。酒店收到預訂資料後會發出確認書。

會議預訂確認書

致：×××公司

×小姐

Tel：

Fax：

×小姐，您好！

　　十分感謝　貴公司對本酒店的支持與信賴，根據我們電話所談和您對合約意願書的反饋，特作如下方案供貴方確認：

會議日期：××年×月待定日

會議時間：08：30～17：30　　　會議

　　　　　12：00～14：00　　　自助或中式午餐

會議人數：30（保證人數）～40人（預計人數）

會議地點：××廳

會議安排：1.於會議廳內設40人課堂式座位。

　　　　　2.提供紙／筆／冰水。

　　　　　3.如需要可提供投影機及大螢幕。

　　　　　4.如需要可提供白板／掛紙板／白板筆。

　　　　　5.可於會場內掛主題布幅，我方可代為製作。

　　　　　6.提供上、下午兩次咖啡／茶歇，時間為上午10：30～10：45，下午15：30～15：45。

　　　　　7.提供兩塊指示牌分別置於大廳及會議廳門口（內容請通知我方）。

用餐安排：建議於××餐廳預留40人區域供用自助午餐或於××餐廳預留廳房供用中式午餐。

收費標準：1.會議套價：$62／位，包括如下：

（1）會場場租。

（2）兩次咖啡／茶歇服務。

（3）一次自助午餐或中式午餐（酒精飲料另計）。

（4）會議常用設備。

2.布幅：$125／條。

訂金及付款方式：貴方需預付會議略估費用的50％作為訂金，餘額於會議結束時一次付清。

×小姐，希望以上所述能使貴方滿意，如有任何建議或要求，請隨時與我方聯繫。如無任何疑問請於下方簽名確認並傳真回我方。謝謝！

×××

四、會議預訂的保證

會議預訂是指會議組織者向具有適合的會議室、客房、餐飲、後勤服務等條件的酒店進行預約登記。

（一）預訂是否有效

當會議組織者向酒店預訂時，首先面臨的是提出的會議日期是否與酒店的預訂有衝突。

酒店客房會議室的預訂情況無論是透過電腦還是預訂單，一般用不同顏色在預訂板上標出日期，或寫上已售出。這表明在同一時間只能接受一個預訂。常用特殊符號和顏色來表示：無套房、無會議室、無特殊價格或折扣、無總統床位、無團體價格等。

當會議要求不能接受時，酒店會立即通知會議組織者。通常情況下，酒店會把握銷售的機會，如：建議改變日期、更換不同類型或價格的房間等，或者幫助在鄰近的酒店找到房間。

（二）接受預訂

1.會議用客房的預訂：當會議組織者預訂的日期有效，酒店應填寫
　預訂表。各酒店都有統一的預訂表，預訂單包括以下項目：
　（1）姓名：要求拼寫準確。
　（2）地址：通訊地址。
　（3）到達日期：寫明年、月、日。
　（4）離開日期：寫明年、月、日或結帳日期。
　（5）到達和離開的時間：便於櫃台和客房服務員工作。
　（6）交通工具：瞭解交通工具便於櫃台服務員考慮到來的時間
　　　　或出現的問題（如：航班延期、天氣不好、道路阻礙等）。
　（7）價格：報價和確定價格之間的差距。
　（8）預訂情形：指房間、會議室、辦公用房等，要用專用術
　　　　語。
　（9）特殊要求：說明特殊要求。如：房間避開噪音區等。
　（10）分類：幫助酒店經理掌握客源。
　　無論何種形式的預訂，詳細資訊的預訂卡，一般要按月分填寫並
製訂圖表（通常二至三個月前），然後填寫到達日期的卡片。預訂資訊
在圖表上，而具體內容在卡片上。卡片按到期的時間順序排列，如果
預訂被取消，可以根據計畫的日期去找卡片，然後撤掉，並註明「取
消」字樣。保留已取消的預訂卡也是非常有用的，也許他們仍然要求
預訂客房，如果毀掉這張卡，就失去了紀錄憑證。
　　如果預訂時間更改，可以同上面方法一樣，根據之前的預訂日期
找到卡片，填好表後，按新到達日期放入預訂卡中，預訂圖表隨著房
間預訂日期的改變而更改。
　2.會議室的預訂：會議組織者可透過電話、傳真、信函、電子郵
　　件等方式向酒店預訂會議場所，也可親臨現場預訂，酒店會議

銷售代表會引領客戶視察會議場地並回答客戶提出的問題。

（1）預訂登記本：很多酒店都設有會議廳專用預訂登記本。在給客戶確認會議場地前，銷售人員要檢查會議廳預訂登記本，並用鉛筆將所有預訂登記在預訂本上，如預訂會議更改、取消等變動，必須馬上在預訂本上更改。向客戶蒐集所有資訊和徵詢要求。設立預訂登記本的目的，在於統一記錄會議廳的預訂和變更情況，並建立銷售人員查閱制度，避免重複預訂造成酒店承諾不能兌現。會議廳預訂登記本的紀錄和管理制度包括以下內容（表5-1為會議廳預訂登記本樣本）。

　　‧會議廳名稱。

　　‧會議活動時間。

　　‧會議的性質、種類。

　　‧會議人數。

　　‧會議組織者的名稱、聯繫電話和地址。

　　‧最終核對。

　　‧預訂登記者簽名。

　　‧必須用鉛筆填寫。

　　‧營業時間預訂登記本放在專用桌上。

　　‧非營業時間由專人負責保管。

（2）意願書（表5-2為意願書樣本）：酒店在接到客戶的預訂資料後，將此項預訂定為「意願性預訂」。銷售人員要儘快根據客戶要求，擬定一份意願書，發給客戶。會議組織單位在收到意願書後，必須仔細查對並按要求填寫各項內容，簽名認可。

酒店意願書必須包含下列資訊和細節：

　　‧客戶姓名、職務、公司名稱、地址、電話和傳真號碼（酒

會議廳名稱	預訂日期	會議名稱	會議種類	參加人數	公司名稱	聯繫人／職位	聯繫		特殊事項			預訂人簽名
							電話	傳眞	訂金	會議設備	餐飲安排	
××廳												
××廳												
××廳												
××廳												
××廳												
××廳												

年　　月　　日

表5-1　會議廳預訂登記本

先生／小姐：

您好！首先感謝 貴公司選擇××酒店，關於 貴公司將在××酒店舉行×
×一事，經雙方商談後協定，描述如下細節，以供確認。

1.會議安排

　日期：

　時間：

　形式：

　地點：

　人數：

　擺設：

　咖啡／茶：

　設備：

　指示牌：

　布幅：

　場租：

　其他：

　訂金：

　結算形式：

2.餐飲安排

　日期：

　時間：

　形式：

　地點：

　人數：

　擺設：

　食物：

　飲料：

　指示牌：

　布幅：

　其他：

　訂金：

　結算形式：

3.旅遊娛樂安排

　上述安排妥否，請閣下儘早答覆並簽署確認書及寄回一份，多謝合作！

表5-2　意願書樣本

店銷售人員還必須辨別客戶從事行業的類別以備資料的保存和列入發「推廣函」的名單）。
- 預訂會議廳的日期和時間。
- 預計到達人數。
- 預訂會議廳的租金，註明是半日租／全日租／半場租／全場租。
- 如有視訊設備要求，應適當收取租金。
- 安排餐飲，如：早餐、咖啡／茶點、午餐、晚餐等。但預訂前要明確客戶是否自己在外面安排了飲食，還是讓酒店代為安排。
- 列明會議安排上的每一個特殊要求。

以下是酒店需要向客戶確定的常見要求：

（1）會議／研討會
- 台型：戲院式／教室式。
- 酒店免費提供的標準會議設備，包括：白紙、鉛筆等。
- 需收費的其他視訊設備。
- 背景板專項服務。
- 會議指示牌上所寫的詞句。

（2）展覽會
- 展覽會的類型。
- 要求擺設和拆除的時間、天數。場租與會議場租價格的差別。
- 要求提供額外的電力和空調，如另收費，回覆客人前，銷售人員要與酒店工程人員調查最大限度的成本費用，再確定收取多少額外費用。
- 蒐集有關展覽會的資訊，如：預計到達人數、展覽時間、會議廳的擺設、視訊設備等。

（3）宴會設置

　　　　・午餐／晚餐：圓桌還是長桌形式、每桌人數、服務順序、
　　　　　酒水服務和其他要求。

　　　　・雞尾酒會：客戶舉辦雞尾酒會的目的、吧檯設置、視訊設
　　　　　備、酒會程序等。

　　收到客人寄回的確認信後，「意願性預訂」即被認為是「確定性
預訂」。

（三）預訂後的保證

1.預先支付訂金

　　酒店有時會出現客人預訂完會議室、房間、用餐後不到的情況。
如果客人提前通知酒店取消預訂，會議室、空房還可以重新出售給其
他客人。然而取消預訂的客人有時沒有提前通知，而在預訂時間又未
到，這就會給酒店造成損失。

　　客房雖然還可以出租給當天的客人，但會議預訂涉及面廣，所占
房間多，如在入住尖峰期突然取消或推遲會給酒店帶來很大的損失。

　　會議廳方面，由於會議都是事先預訂，酒店會信守承諾，不會將
會議廳再預訂給另一會議單位，如果臨時取消或改期，酒店就失去了
出租的機會，因而遭受損失。

　　有的會議需要在酒店安排餐飲，酒店在接到預訂後會作出特別安
排，至少提前三天準備會議用食品，如果會議突然取消或改期，這些
食品變成多餘而又不能長期儲存，酒店一時無法消耗，必然會帶來損
失。

　　在這些情況下，大多數酒店採取時間限制，確定會議廳保留期
限，即規定接受預訂之日並持續到某一時間內，預訂有效。在這一時
間後酒店將不保證預訂有效，有權將會議室、房間等重新安排給其他
客人。為此，一些酒店還採取先行繳交訂金的辦法。

一般在客戶確定預訂後，酒店即要求支付會議費用（含會議室租金、房租、餐飲費用等）的50％作為訂金。訂金需在會議召開前，按雙方確定的日期提前交付，但所有會議費用必須在會議結束當日全部結清。如果客戶未交付訂金，酒店有權取消其預訂及相關安排。

2.出席人數的保證

會議組織者根據與會者人數預訂了會議場地及宴地後，酒店會預先為這次會議作出專項安排，特別是宴會的食品採購、場地、服務的人手安排。但有時與會者少於預訂人數，酒店準備過多，多出部分不是會議組織單位承擔，就是酒店承擔，這都造成了浪費；有時參加會議人數超過了會議組織者的預計人數，酒店又會出現準備不足、措手不及的情況，不能保證承諾的服務，勢必招致投訴、影響會議效果。

為使會議及宴會有良好的組織安排，避免產生誤解，酒店要求客戶需簽署「出席人數保證書」。一般「出席人數保證書」和確認信一起寄給客人，要求在會議前七十二小時簽好並寄回酒店（下頁為「出席人數保證書」內容）。

3.會議取消政策

會議確認後，酒店銷售人員仍需與客戶保持聯絡，及早瞭解客戶變動情況，儘可能地減少會議廳損失或儘早將會議廳出租。在保留期限滿後，若客戶仍未能確定會議是否舉行，酒店將取消其會議預訂。對於客戶通知酒店會議取消的時間，酒店要進行限定並收取一定的訂金作為補償，一般情況如下：

（1）會議預訂時間前一個月通知酒店取消，訂金將全數退還。

（2）於會議預訂時間前三至七天方通知酒店取消，酒店將收取訂金的30％～50％作為補償。若同時有餐飲、住房的會議，還將按餐飲費用的75％，相當於一晚房價的客房費用收取補償費。這類補償費的比例也可根據酒店具體情況而定。

出席人數保證書

GUARANTEE OF ATTENDANCE

單位名稱
ORGANISATION : _____

地址
ADDRESS : _____

宴會性質
FUNCTION NATURE : _____

宴會日期
FUNCTION DATE : _____

保證出席人數
GUARANTEE : _____

每位 / 台價格   訂金
PRICE PER COVER / TABLE : _____   DEPOSIT : _____

本人保證已閱讀過和瞭解此保證書所附的條款，並接受其條文制約。
I CERTIFY THAT I HAVE READ AND UNDERSTAND THE ATTACHED
TERMS AND CONDITIONS PERTAINING TO FUNCTION AND AGREE TO
BE BOUND BY THE TERMS THEREN.

簽名   日期
SIGNATURE : _____   DATE : _____

　　為使你的宴會有良好的組織安排，避免產生誤解，請閣下於宴會前七十二小時簽署這份保證書並交還我方，指明閣下所保證付款的出席人數。倘若閣下的宴會將安排在星期六、日或星期一舉行，我方期望於宴會前一個星期五收到這份填寫好並簽署完整的保證書。

（3）若在不足二十四小時內通知酒店取消餐飲安排，酒店將按全價收取餐飲費用。

（4）每一項正式預訂的取消，酒店都以書面形式通知客人，對取消原因作出說明。

4.支付保證

酒店在發出意願書及與客戶確認預訂保證後，雙方即可簽訂合約。每次會議都需簽訂一份正式合約，合約條款除明列意願書中雙方確認的內容、交納訂金的款項、時間、會議取消政策限定外，還需說明付款方式及支付保證。

付款方式有現金、銀行轉帳、支票和信用卡等。就信用卡而言，要預先瞭解信用卡的種類、號碼、可授權額度、有效日期以及持卡人的姓名、出生日期等。如果客戶用信用卡作爲擔保或支付保證，酒店會要求記錄信用卡號或先刷卡留存，這樣即使客人在預訂日期未到也能透過客人的信用卡獲得客房收入。對於和酒店有長期或大量業務往來的會議組織和旅行社，酒店將根據預訂安排房間，這主要取決於相互間有支付保證的信任關係，而不管客人到與不到（下面爲預訂金及會議取消政策限定和付款方式的條款樣本）。

預交訂金及取消宴會安排條款

　　貴公司需要提前_____天交付50％給酒店，以作保證金，此訂金可作貴公司會議結束後付款用。

　　酒店方面有權取消沒有繳納訂金的會議安排，除非雙方事先商談協調。

　　貴公司如取消沒有繳納預訂安排或取消以上所述安排，應提前_____天通知敝酒店，否則酒店有權沒收訂金。

　　如貴公司在不足二十四小時內通知敝酒店取消會議餐飲安排，酒店將按全價收取餐飲費用。

付款方式：

　　貴公司負責人_____先生將在宴會結束後用信用卡、支票或現金付清全部款項，_____先生，希望以上所述有關問題倘若有進一步的補充，請隨時與我們聯繫，我們期望為貴公司提供最優質服務，致謝意！

　　預祝
貴公司之宴會圓滿成功！

酒店　　　　　　　　　　　　　　　主辦單位：

_____　　　　公司名稱：

宴會部經理　　　　　　　　　　　宴會日期：

_____　　　　負責人：

酒店會議產品出租

一、出租合約涉及内容

　　合約與協議書有著非常相似的作用，不同之處是語氣和形式上的不同。大多數會議組織者願意簽署一份附註條款的協議書。

　　一份合約書簡潔地包括所有經過協商並達成協定的條款，這些除了保護簽訂合約的雙方之外，另外還有更重要的作用。透過詳細列舉將要涉及的事項，並清楚地說明簽署合約的雙方的要求，這一點相當重要，因為許多誤解大多是由於缺乏足夠的交流和簽署合約的雙方當事人缺乏足夠的經驗和必要知識所造成的。

　　合約應該瞭解並討論文本中的每項細節，並且以有關文件做依據。如果酒店最初的建議十分詳細，將會大大減少繁雜的過程，但這並不是常規的，任何事項都不能只作口頭表達。無論任何人的記憶多好也難免有弄錯的時候。所有的事都應該有紀錄，而現代電腦的使用可以為紀錄提供了方便。

　　雙方同意達成租借協定後所形成的合約是確定會議服務的標誌。要用最簡明的語言，將經過雙方協商並同意的所有安排項目寫入合約。這是雙方的依據，也保護雙方權益。合約應按具有法律效力的合約文本來完成。合約能避免由於缺乏聯繫或缺乏經驗而造成雙方在某些方面的誤解。

　　合約應對每一專案都表達清楚，每一項安排和要求都應形成文件。在任何情況下，用記憶來作決定都是失敗的，用文字明確表達需做什麼、由誰來做、價格等，將幫助雙方管理者促使會議成功。會議場所應具體詳細，明確註明雙方的責任和任務，保證雙方共同按合約

承擔會議服務的各項任務。

在租用會議場所時應詳細說明所包括的內容和範圍，下面是常涉及租用場所的內容。

（一）酒店和會議組織名稱

雙方必須就名稱取得一致，這樣就清楚表明會議組織將選擇此酒店作為會議地點，會議也應用確定的名稱來作標誌識別。

（二）明確時間表

列出活動的明確日期，進入或離開酒店日期是最基礎的，同時還應詳細說明會議開始或結束的時間以及時間安排明細表。這使雙方都能心中有數。

（三）房間的種類和數量

詳細說明所需房間數量，分別列出套房數、單人房數、雙人房數。有時對顧客要求房間的位置應詳細說明。如果一個酒店有數棟建築，應指明是哪一棟，是甲樓，還是乙樓。

為了保證會議房間，要求酒店取消在會議期間這些房間的預訂，在會議期間，不接受其他預訂。

（四）價格

清楚而明確描述每個房間的價格。如果雙方協商達成一致，價格應表達清楚。酒店房間的位置不同而使客房的價格也不相同，最好分開列其價格。套房價格應包括其所包括的客廳、會議廳以及其他的附屬設施。

（五）抵達酒店的方式

酒店如果在同一天同時接待四百個房間的客人是很困難的，一般

要求分兩三天抵達，所以要求在合約中說明到達的日期或星期幾，一般寫明報到時間從幾月幾日（星期幾）到幾月幾日（星期幾）。

（六）公共場所

有經驗的會議計畫者需要酒店提供所有的公共空間直到確定程序和完成交通流程模式。這對酒店來說是很困難的，一般來說，好幾個會議在同一個酒店進行，如果會議不能全部包攬整個酒店房間，雙方需要對公共房間使用銷售，進行詳細討論。會議計畫者為會議的召開可以用全部房間；雙方必須根據程序來明確日期，再說明其他時間是不需要公共場所的。

（七）提供免費和折扣房

在會議中酒店提供一些免費房間是很普遍的事。因具體情況不同，所提供的免費範圍也不相同。如果會議安排在淡季，酒店會很慷慨，一般原則是每訂五十個房間免費贈送一個房間。

酒店和會議組織同意降低部分房間的價格，一般包括會議工作人員、演講者和表演者的房間價格。以上各項都需要經過雙方商談。

（八）提前到達工作人員安排

酒店是事先準備並按程序進行的。對事先到達的組織者和其他工作人員做安排，並不妨礙酒店其他事務。

（九）會議工作間和酒店商務中心設施的使用

如果收費應說明其價格，如果不收費也應詳細標明，同時應說明最多可用的房間數。另外，會議計畫者還要求工作間的地點應方便會議。

（十）登記管理

通常酒店根據會議組織者的要求，同意由會議組織者提供與會人員名單後將會議所需的房間一起交付會議組織者安排。酒店需要做的是保證會議所有用房。有時會議組織者常需要將套房用來做招待中心等，這一點也應於合約簽定時列入。

（十一）展覽室

展覽室如果收費，必須明確說明收費所包括的項目。如：展覽的營業時間、電力、空調、地毯和桌椅等。有些酒店按展室收費。列出哪些是酒店的財產和哪些需外租等細節應在合約中予以說明。

（十二）餐飲

對餐飲服務保證程度要詳細加以說明，提前四十八小時是最普通的，如果需要更多或特殊要求，應提前一周，雙方協商並列入合約中。菜單必須註明價格和說明。大多數酒店將同意按超過保證數的百分比布置餐桌，以便增加客人。會議期間，每天用餐人數安排都應提前四十八小時由會議組織者書面交給酒店餐飲部經理。一般是：

20～100人	加5%保證數
101～1000人	加3%保證數
1001人以上	加1%保證數

如果保證書不能收到，即按原估計出席人數準備餐飲和收費。

（十三）會間休息飲料

對於在會議休息期間所需用飲料應註明成本，包括果汁等項目。

（十四）酒精飲料服務

清楚寫出酒類服務的方式。如果按酒瓶收費，應進行財產帳目的控制，對於未開蓋的酒瓶，應在會後結算，雙方安排管理人員控制和收取票證。

（十五）視聽設備

酒店提供視聽設備或會議組織自己租用設備，無論何種情況，應說明設備和服務的價格結構，指定會議工作者負責安排。

（十六）付款方式

說明如何支付款項，如果酒店要求透過銀行付款，寫明付款的具體日期，協商任何附加費支付的總數和櫃台的支付。

大多數會議組織者在離開酒店前要求核對總帳目，過去很多酒店受計算時間影響不能在會議組織者離開前提供帳目，但如今電腦的使用使大多數酒店堅持在離開前要求雙方核對總帳目，使所有事情能有一個著落。

（十七）取消預訂

取消會議的情況和原因也應包括在租用事項中，這將防止另一方強迫取消會議。取消的原因一般是超出所控制的條件，如：燈、電和熱（或暖氣）等供應方面的原因。

（十八）保險內容

酒店代表在與會議團經辦人協商酒店的合約時，應該審查會議團所辦理的保險。應該勸會議團去辦理一般責任保險，以避免涉及人體傷害或財物損失的索賠要求。

會議團還應該考慮火災法律責任保險和綜合財物損害保險。還可以辦理醫藥費保險，以償付因在酒店裡發生的損傷而引起的醫藥費。

會議團如果建立了急救站或僱用醫生或護士，就應該考慮醫療事故保險。

會議團如果經營了食品販賣部或在招待會供應食品和飲料，就可能希望投保業者責任和酒類責任險。

如果使用獨立承包商，則這些承包商就應該向酒店提供職業傷害和一般責任保險，以確保責任歸屬。酒店在一般責任之外另加獨立承包人責任保險，就能避免遭受由於獨立承包商的過失而招致的訴訟。

會議團如果包租了禮車、汽車、船隻或飛機，就應該考慮適當的責任保險，以防備意外損傷或財物遭受損失。

另外，在酒店的會議合約中還應包括：

1.事先登記的程序。
2.行李的處理。
3.運輸安排：若需付運費者，其安排和費用；若需付小費者，其付費方法。
4.可適用的國稅和地方稅的規定及其稅率。
5.快速的結帳離店手續。
6.給客房禮品的分配。

每家酒店通常都擬定了有關以下業務的酒店合約格式：預訂客房、會議用房、宴會設備、在酒店內舉辦展覽會的場所和服務。每逢酒店與會議經辦人訂立書面合約時，總有許多問題有待討論並須在合約中予以具體規定，以避免當事人之間發生誤解。酒店所印製的合約格式，可能必須用附加條件或附加條款來予以修改，以便使協定能適應當事人的要求。在酒店對任何合約協定承擔義務之前，聽取酒店律師的諮詢意見是重要的，因為這種協定能決定酒店承擔責任的結果。

二、會議合約樣本

會議合約

　　本合約將證實＿＿＿＿（社團名稱）和＿＿＿＿（酒店名稱）有關即將舉行的＿＿＿＿＿＿會議所商定的安排。

　　＿＿＿＿＿＿（以下簡稱「甲方」）和＿＿＿＿＿＿酒店（以下簡稱「乙方」）協定：

　　甲方依本合約委託乙方及其人員辦理會議期間食宿等事務，乙方同意按下列條件提供上述服務（雙方以書面方式達成協定：這些費用和價格以及其中第六項所規定的費用均可修改或以其他方式變更）：

1.從＿＿＿＿＿＿至＿＿＿＿＿＿預訂的會議日期。

2.展覽廳的布置在＿＿＿＿＿＿（上午／下午幾點鐘）開始。

3.乙方對臥室的收費如下：

　　單人房　　　　從＿＿＿＿元至＿＿＿＿元，或整層全租費＿＿＿＿元。

　　雙人房　　　　從＿＿＿＿元至＿＿＿＿元，或整層全租費＿＿＿＿元。

　　雙人床房間　　從＿＿＿＿元至＿＿＿＿元，或整層全租費＿＿＿＿元。

　　套房　　　　　從＿＿＿＿元至＿＿＿＿元，或整層全租費＿＿＿＿元。

　　其他房間　　　從＿＿＿＿元至＿＿＿＿元，或整層全租費＿＿＿＿元。

4.甲方目前估計所需房間數目如下：

　　單人房間數最少＿＿＿＿間，最多＿＿＿＿間。

　　雙人房間數最少＿＿＿＿間，最多＿＿＿＿間。

　　雙人床房間數最少＿＿＿＿間，最多＿＿＿＿間。

　　套房間數最少＿＿＿＿間，最多＿＿＿＿間。

　　其他房間數（具體講明）最少＿＿＿＿間，最多＿＿＿＿間。

　　（注意：如果房費是X元至Y元〈第三項〉，則請具體寫明每項房間費）。

預計與會者中有＿＿＿＿人可能希望更早些來店辦理住房手續。及早住入的日期是＿＿＿＿，在這種情況下，乙方將按能確定的會議期間住房費爲此提供房間。會後＿＿＿＿天內，仍將按此價收取房費。

　　乙方保證將至少提供第四項內所規定最大數目的房間：甲方則同意占用所規定最小數目的房間。

　　甲方同意將事先獲悉的房間登記情況定期通知乙方，以便能更確切地估計住房的需要。

　　雙方一致同意，在會議舉行的＿＿＿＿天之前，上述第一項的估計可以有定期的變動，但除非有書面協定，本協定中所規定的最小或最大數絕不應有任何變更。甲、乙雙方應就會議發展預計的能令雙方互相滿意的重新審查計畫在事先達成協定。並規定雙方中任何一方何時和如何能讓出房間（重新審查的日期和時間應在協議書中加以規定）。在雙方同意的截止日期之後，甲、乙雙方應負責遵守最終的協定。

　　乙方同意將一切要住套房（如果還有套房）和公共房間的申請均轉交甲方許可之後方予以安排。

　　甲方應／不應要求給會議代表保留房間。

　　乙方同意向甲方提出最終住房情況報告，其中說明會議期間內每天所占用的房間數。

5. 在此規定乙方所同意的下列事項：在會議所包括的重大活動之前，改進、裝修或設置某些房間、地區或增添服務專案，乙方上述變動的具體內容，應在本合約中予以規定，並應說明。如果不能在所規定的日期之前滿足這些需要，就將使甲方撤消協定，若需進行任何將所提供的套房或公共房間數目有所改變的裝修，甲方應提出及時具理由充分的通知。

6. 預計的會議房間需要

被保留的房間　　　　　　　　　　　　從某日幾點至某日幾點鍾

＿＿＿＿＿＿＿＿　　　　　　　　　　＿＿＿＿＿＿＿＿

＿＿＿＿＿＿＿＿　　　　　　　　　　＿＿＿＿＿＿＿＿

預計的活動類型	房費（若須付房費）
_____	_____
_____	_____

所需會議房間的初步計畫，應至少在會議舉行的_____月之前預先向乙方提出。所需會議房間的確定和詳細計畫，應在不遲於會議舉行的_____月之前向乙方提出。除非本協定中另有規定，上述的公共房間應保留給甲方，但以書面約定者，不在此限。

7. 預計的所需展覽面積，乙方同意保留_____房間以便於作展覽廳，展覽廳費用是_____（若另收費）。

乙方為展廳所提供的服務應包括（在此寫明如：清掃、額外的照明、地毯、用品的事先儲備、安全、所需的麥克風數目、所需的視聽設備、工作人員費用、供電或其他商定的項目）；乙方保證，展覽廳符合下列的聯邦條例，若有任何變更，將立即通知甲方目前的狀況（略述展覽廳的聯邦法定要求）。

甲方所需的特殊設備（說明和費用）。

8. 所需的宴會設備。

9. 保證提供食物或飲料的每次社交活動的至少_____小時之前，事先將上述社交活動所需的服務人員數目通知乙方。乙方同意提供比上述保證的人數多_____％的人員。

上述提供食物的社交活動的費用應是每人_____元。按杯或瓶計價的飲料／酒類的費用應為_____元。上述價格可在社交活動的六個月之前重新商定。

如果要增添進餐的社交活動，所適用的價格應與上述方案中所包括的同樣的餐價相同。

10. 乙方向甲方所提供的服務中若有禮節性的安排，其具體內容包括：房間和套房的說明，提供的日期和房間數。

11.乙方酒店中若需進行對社交活動可能有干擾的任何營建或裝修工作，乙方應事先通知甲方。在這種情況下，乙方必須按合約在酒店內提供同等級且可替代的空間。

12.乙方和甲方商定，小費問題應按如下辦法處理。

（注意：可講明具體的人、小費數額或抽成百分率和程序）。

13.雙方一致同意，以上諸項規定了雙方協定要點、有關登記、參加者房間的分配、資料的分發、特殊服務，票券權、會議工作、兌帳單據手續、廣告宣傳等事項應在會議舉行之前由雙方擬定，以書面方式加以證實，並使雙方均感滿意。

14.本協議對甲、乙雙方均有約束力，但按第五項規定，只有雙方中任何一方在會議舉行日期的至少_____（年）_____（月）_____（日）之前（也即不遲於_____〈具體日期〉），用書面通知才能撤消者，不在此限。

15.乙方和甲方均同意承擔充分的責任和其他保險，以保護自身免遭由於會議期間在乙方酒店所進行的任何活動而引起的任何索賠要求。

_____（酒店）（簽字）_____總經理_____銷售經理。

下列簽名者接受並同意本協定中以上所規定的條款、條件和費率。

_____（會議）（簽字）_____選任的負責人（職務名稱）

_____專職的負責人（職務名稱）

　　隨著會議團業務的發展，對會議房間、便利、設備和舒適的需要也相對地提高。酒店必須經常把它的各項合約重新審查一番，以確保這些合約能包括現代會議團計畫工作中涉及的種種事項。

三、會議預訂的協調

當預訂酒店後，會議組織者與酒店負責人在協議書上簽字，雙方要開始對會議詳細地規劃。

會議組織者通常要準備一份酒店各部門經理名單，以便在有麻煩時知道去找誰。但如果不能提供部門負責人名單的話，酒店由會議服務經理來擔任與會議組織者聯繫這個責任。會議期間會議組織者要求酒店指定專人在會場負責協調。如果會議組織主管能經常會見及告知酒店高層人員並提出要求，會促使酒店人員認真工作，使會議順利進行。簡而言之，會議組織者要得到一份酒店各部門主要負責人登記表，並要求酒店為會議提供相應的服務工作。

第一步：當一個團體預訂了會議，會議服務經理就得複查一遍互通的信件，找出哪些訊息可以備用，哪些尚需答覆，有必要時要複查二、三年前的信件資料。

第二步：預訂的情況應根據往來的信件列出來，成為會議組織者與酒店的合約。這些信件詳細地說明了會議組織與酒店的關係和酒店的情況。會議服務經理要答覆三個問題：預訂、會議程序、結帳。如果偶而忽略了某個環節，他將馬上把問題交由行銷人員辦理。

第三步：蒐集和利用接踵而來的信件、電話和會議團體訂下的協定等，建立一個和會議組織者之間相互信賴的關係。互通信件中有很多細節要儘可能地寫清楚。

第四步：會議的程序細節至少要在會議前六個月與會議組織的個人會面中系統地闡述。預訂答覆要在哪個時候通知會議代表以儘快決定需要的客房數。

第五步：在會議將舉行的一個月前，酒店各部門經理要協助該會議團體對所有會議的詳細內容和程序再進行一個複審和討論。

第六步：在會議要舉行的兩三天之前，酒店的客務部經理、房務

部經理和餐飲部經理以及會議組織者要開一個小會，再審定一下整個會議議程、菜單以及會議設施設備的再確定。

第七步：會議進行期間，會議服務經理要隨時爲會議服務。他要在每次開會前一個小時複查會議設備裝置情況，另外還要檢查視聽設備、展覽裝置和安全保衛措施。

第八步：當一個會議的日程進行完畢，再下一步就是主管財務部門結帳，此時行銷人員的工作告一段落。總之，行銷人員要向會議組織推銷酒店業務以獲得再次光顧。只要會議服務部門做好這項工作，那麼團體組織再度預訂會議業務，酒店就僅需要說明一下即可。

6. 會議登記

□ 會議入住前的準備

□ 會議登記

□ 會議客房安排

會議入住前的準備

一、會前協調

　　會議接待涉及到酒店的各個部門。會前的準備工作是否完善不僅關係到接待工作能否順利進行，而且直接影響到會議的成功與否。如果出現差錯將嚴重影響酒店的會議業務。所以，客人入住前的協調無論是對會議組織者，還是對酒店都是相當重要。

　　召開協調會議是為了保證會議的順利進行，會議組織者通常要求酒店會議服務經理及會議組織人員參加協調預備會議，以減少可能在會議期間發生的各種麻煩。預備會議給雙方一個機會，從熟悉會議議程的每個項目，保證每個人充分明白每個工作步驟，直至每個細節。預備會議決定每個部門的細節和具體工作，給會議組織人員及其他人員一個識別標誌，主要有兩個作用：一、起區別作用，讓他人知道、明白他的地位及他對會議的重要性。二、讓酒店人員認出這些人物並隨時滿足其要求。

（一）預備會議的日期及時間

　　會議的日期及時間由酒店與會議組織主管商定，發函提醒各部門。所有空出的會議房間，按正常步驟在計畫營業時間提供。注意細節落實，如：適當的座位、適當的會議室安排及舒適的坐椅，讓顧客感受到酒店對待客人就像對待他們自己一樣。會議經理提前一小時檢查房間燈光、煙灰缸、鉛筆及空調是否符合會議組織的要求，咖啡、不含酒精飲料及甜點的擺放是否正確。

（二）會議聯繫

準備好酒店各部門主管的名片，以便與會者在會議期間與他們聯繫。VIP標誌發給會議計畫人員及其助手。

部門經理根據會議程序可以詢問本部門服務的有關具體事項。如有誤解或需要更改之處，與會人員應及時提出，會議經理全面掌握，並做好這些重要變更紀錄。這些最後一刻的變更要在預備會後迅速列印並分發有關部門。

（三）詳細說明書

包括全部會議程序及酒店內部聯繫媒介，不僅要發給預備會議人員，還要給酒店的每個部門。要和部門保持聯繫，以便報達需要的人員。同樣，如晚間活動安排在酒店外面，應通知保全人員格外注意與會人員人身及財產安全。一個組織完善的預備會議將減少許多麻煩的發生，一個良好的開頭會議極為重要，也是一個成功的會議和一個無組織的會議之間的區別。

（四）會議通知單

會議經理要負責制訂會議詳細時間行程表，也稱會議簡要大綱或詳細說明表。它不同於會議表，它能使酒店人員對全部計畫有較深入的瞭解，從預備會到總結會，而會議表只提到會議本身的細節。各類詳細說明表結構類似，當服務一天以上的會議團體時，這張表會每小時、每天顯示著會議活動情況，包括：各類會議活動、體育活動、休息、喝咖啡和雞尾酒及預訂步驟、記帳、展覽簡介、特別活動及其他需要酒店人員引起注意的活動。它無疑是會議服務程序中最重要的因素，它不僅提供了活動計畫並保持了部門之間的溝通。

詳細說明表是由會議經理、會議組織者一起擬訂出來的。許多資訊是從會議團體來信中挑選出來的，只需放入表格就行。這張表至少

在客人抵達前一星期交給有關會議服務人員。

該表的長度當然隨會議規模與天數及會議專案的不同而不同，不過一個三天的會議八至十二頁就可以了。在酒店中經常聽到「沒告訴我」，而詳細列出多項活動將減少人們的疏忽和過失。詳細說明表的第一頁是接收資訊的個人及部門。該頁還應註明免費膳宿、成員抵達及離開時間、預訂步驟及總帳、私人帳目。

表中的細節，每個事件都用文字說明，包括房間組織及餐飲安排。注意此表以準備開始，以總結會結尾。精確紀錄是此表的特性之一，這是表格準備時就要求的。

這張通知單至少在客人抵達前一週交給有關會議服務人員及分派給以下部門，並讓有關負責人簽名認可：

總經理、副總經理、駐店經理、財務部經理、財務收銀、財務成本核算、客務部經理、工程部經理、安全部經理、銷售部經理、餐飲部經理、房務部經理、西廚房主廚、中廚房主廚、飲料部經理、宴會服務經理、公關部。

「會議通知單」（Event Order）的填寫還可以將「擺放位置平面圖」、「廚房出菜單」、「布幅製作表」等一起作為附錄一併發出。每張通知單都須按年月日編上序號，以便控制在酒店舉行的所有會議活動，特別是當日同時有幾個會議舉行的情況下。編號也便於留存以作為日後查客戶資料。

「會議通知單」如有變動，必須按客人已確認的更改內容重新發出，並將更改部門註明，加蓋更改印章於通知單上方。如果相關部門收到客戶的更改資訊，必須立即通告會議服務經理，由其協調。所有會議服務活動，按最新的更改單執行。

如客人取消會議安排，會議服務經理須重新發出一份「會議通知單」並在其上方蓋上「取消」印章，分派各有關部門。取消的通知單內容應與原通知單內容完全一致。

各部門接到「會議通知單」後，按有關內容作出因應安排或回應，如對其中有疑問，應馬上與會議服務經理聯繫，弄清楚。

由於會議服務涉及部門多、細節多、資訊多，所以這項工作必須且只能由會議服務經理統一指揮、協調、簽發通知，才能使資訊通報、反饋及時和部門間的溝通順暢，保證會議的圓滿舉行，否則各部門各自為政，進行更改，會議服務就會脫序、不到位，招致客戶投訴。

下面為某酒店接待方案和酒店會議通知單。

××大酒店

致：××部門

日期：2001年6月7日

事由：××產品 接待方案

　　××公司沙發展示會將於6月12、13、14日在本酒店召開。為圓滿完成這次接待工作，請各部門大力協助，詳情如下：

一、住房安排

　　1.房間數量： 11日晚入住2～3間。

　　　　　　　　12日晚入住40間。

　　　　　　　　13日晚入住40間，分別於13／14日退房

　　2.房價：標準間：1800元房一晚。

　　3.入住方式：於三樓宴會廳設接待台，派專人辦理入住手續。

　　4.客房要求

　　（1）房間撤消迷你吧，保留冰箱內不含酒精飲料。

　　（2）關閉IDD／DDD，保留洗衣服務及視頻點播。

　　（3）取消簽單權。

5.退房方式：房／雜費將統一由該公司支付。

二、客務部：屆時請派一名接待員於宴會廳協助辦理入住手續，RECP（提醒客人退房時歸還鑰匙）所有歸還鑰匙必須有簽單人簽字確認。

三、房務部：充分提供客房用品的供應。

四、餐飲部：具體安排見E.O（Event Order）單。

五、工程部：客人布置及撤展時，請予以協助，詳見E.O。

六、安全部：督促客人布置及撤展期間，設備需從後場經貨梯進出。展示期間，加強三樓保安，保證展品安全。

七、車隊：14日上午準備兩輛中型巴士，於大廳門口等候。

八、東方驛站：該公司客人將於13日晚至「東方驛站」消費，約六十人左右，請予以安排及給予一定優惠。由王先生簽單入E.O。財務分帳。

九、財務部：此次活動簽單人爲王少佐先生，客人已於櫃台交付訂金 $22,500元　　　××先生簽名模式爲：_____

（五）特殊會議活動表

當計畫確定後，對每個特殊會議都應關注，應使用特殊會議活動表來安排每個細節。

特殊會議活動表要使人們理解它和詳細說明表是如何聯繫的。詳細說明表像照相機攝下會議的全景，而特殊會議表則是變換焦距拍的一個近景。

特殊會議表像詳細說明表一樣，標上各種事項、事件形式、工作表、宴會表等。它在細節要求的數目上因酒店不同而大相逕庭。單獨的特殊會議表是從詳細說明表中得到的。

會議室安排在此表中特別強調日期、時間及酒店需完成的指定工作，如：基本座位安排、裝飾及教具，還有一切需要的特殊服務均列在會議表上。每個表格像詳細說明表一樣，應至少在會前一週分發至

		×× 酒店 會議通知單 EVENT ORDER		EO.NO：2000-01-48
會議組織單位：				負責人×××

ORGANIZER：×× 協會　　　　　　TEL：×××××
CONTACT PERSON：×小姐

EVENT DATE：2000年1月24日　星期一			ATTENDANCE　出席人數	
DURATION時間	TYPE項目	VENUE地點	GUARANTEE保證人數	EXPECTED預計到達
17：30	入席	××廳		
18：00～18：30	致辭	××廳		
18：30	中式晚宴	××廳	80	200
19：45～22：00	歌舞表演	××廳	180	200
16：30～22：00	貴賓休息廳	××廳	20	30

宴會部
1.於廳門口設簽到處，提供抽獎箱及抽獎券。
2.於廳內設大紅背景板及雙行舞台，舞台上提供1個立式講台，另於背景板上黏貼字。
3.於廳內設20張十人圓桌，供客人就餐用，其中設主席賓席（貴賓席卡／紅桌布／紅餐巾／紅圍裙
　／椅套／盆花）。
4.於廳內設酒吧，客人自備紅酒，酒店備大瓶可樂／七喜／橙汁／啤酒（供活動期間飲用）。
5.提供1支台式麥克風／1支立式麥克風／2支無線麥克風／卡拉OK設備／2部33吋彩電，客人自備
　CD碟。
6.於××廳內設沙發／茶几並提供中國茶服務，備盆花一盆。
7.提供兩塊指示牌分別置於大堂及宴會廳門口。
中廚：菜單需於19：45前全部上完，注意出菜速度及出菜品質。
工程部：於當日14：30前放好如下以供客人綵排：
1.提供1支台式麥克風／1支立式麥克風／2支無線麥克風，卡式答錄機／CD音響供歌舞表演。
2.提供卡拉OK設備／2部33吋彩電，並安排一名音響工現場當值。
房務部：維持洗手間的清潔衛生。
保全部：請預留40～50個車位。
財務部
1.中式晚宴：$8,000席。
2.廣告用字製作：$3,200。
3.不含酒精飲料：$120／人於活動期間任飲。
4.客人已付訂金$20,000元整，餘額於會議結束時付清。

SIGNBOARD WORDING ×2	
×× 產業協會 「2000年新春聯誼會」設三樓殿	×× 產業協會 「2000年新春聯誼會」

單一會議單

EO.NO：2000-03-18
PREPARDE BY：

ORGANIZER：××公司企劃部		聯繫人：×小姐　　電話：×××××			
EVENT DATE：2000年3月13／14日星期一／二		ATTENDANCE			
DURATION	TYPE	VENUE	GUARANTEE	EXPECTED	
3月13／14日： 07：00～08：30 3月13日： 09：00～17：30 12：00～13：00	自助早餐 會議 自助午餐	天安閣 珊瑚廳 天安閣	6 20 20	7 24 24	

宴會部

1.3月12日下午於大堂設簽到台辦理入住手續。

2.於宴會廳內設24人長方形擺台。

3.掛布幅，客人自備。

4.檯面備紙／筆／冰水及中國茶。

5.提供投影機／螢幕及白板。

6.提供多功能插線板3個。

7.提供咖啡4壺，餅乾1千克。

8.設2塊指示牌，分別設於大堂及宴會廳門口。

9.3月12日下午布置場地，安排領班現場協調。

10.簽單人：洪雲小姐。

天安閣／西廚

1.請按上述安排，預留用餐區域。

2.簽單人：洪雲小姐。

西廚／西點：請提前備好餅乾1千克。

房務部：請安排人員維持洗手間清潔。

財務部

1.場租：$4,000／天。

2.咖啡／餅乾：$2,000（其中咖啡$1,200，餅乾$800）。

3.自助午餐：$350人。

4.標準間：$2,600／間／晚（包1人自助早餐，其中房費$2,400／間／晚，早餐$200／人）。

5.所有會議／餐飲／住房費用，於3月14日上午一次付清。

SIGNBOARD WORDING×2	
預備會 設樓廳 （客人自備）	預備會 （客人自備）

培訓會議單

EO.NO：2000-03-17

PREPARDE BY：

ORGANIZER：××公司

EVENT DATE：2000年3月9／10日 星期四／五			ATTENDANCE	
DURATION	TYPE	VENUE	GUARANTEE	EXPECTED
9日　07：30～18：30	會議	華龍殿	45	
12：00～14：00	自助午餐	天安閣	45	
10日　07：30～18：00	會議	華龍殿	45	
12：00～14：00	自助午餐	天安閣	45	

宴會部

1.於宴會廳門口設簽到台，擺放銀盤。

2.於宴會廳內設60個座位，分12桌，每桌5人（小組擺放型）。

3.提供紙／筆／冰水／白板／馬克筆（2種顏色／兩套）／2個夾紙板（40張白紙／天）。

4.每日於10：00～10：30及15：00～15：30提供咖啡／茶會兩次（不含餅乾）。

5.提供無線麥克風／衣領麥克風各1支；投影機；資料台。

6.提供兩塊指示牌，分別置於大堂及宴會廳門口。

天安閣／西廚：請按上述安排預留用餐區域，菜單同日常。

工程部：提供無線麥克風／衣領麥克風各1支。

房務部：請安排人員維持洗手間的清潔。

財務部：會議套價：$560／位／天，分帳如下：自助午餐：$320／位、咖啡／茶：$240／位。

SIGNBOARD WORDING ×2	
××公司 銷售隊伍的管理與發展 設樓	××公司 銷售隊伍的管理與發展

酒店部門經理處。

　　每個會議組織者持有表格，這是十分重要的。只有這樣，你才能確保處理所有細節。在文件上註明主桌擺放，講台、基本課桌安排及所有其他安排而對那些雖小卻又必要的項目也要準備，像水、杯子、煙灰缸、鉛筆、視聽設備、音響系統、鮮花等。

　　許多組織完好的協會及公司的會議組織人員自己列出他們所需用品的清單。如果這樣，會議服務經理一定要有一個副本，做好自己的活動表，以便與對方的要求相符。

（六）總體目錄

　　編制一個總體目錄，協助會議服務人員決定在何時、何地、何物的數目。如在許多會議表上指出需要用幻燈機，而總體目錄會註明同時到底需要多少這樣的幻燈機。

　　許多酒店人員認為，標明這樣的細節是會議人員的責任，不管如何，應認真組織、精確地核查及提出建議。

　　如果會議組織人員缺乏經驗，並沒有事先正確告知所需之物，可能會要求酒店會議經理提供足夠的訊息，否則，會妨礙會議進展。所以預備性會議不僅重要，而且會議經理的建議及組織協調也會給會議組織者留下良好的印象，使會議順利。

　　每個會議組織者試圖在每次會議上對重複參加會議人員的百分比有新的突破。為此，酒店應透過更換裝飾、服飾、廣告、宣傳、雞尾酒會等，使會議參加者感到煥然一新，提高與會者出席率。

　　每一名服務人員都有可能成為使會議開得更好、更熱烈的人。不管是誰提的方案建議，都要把它歸檔，留作使用。

　　有一種說法：「會議服務的工作95％是溝通，5％是服務。」通常資訊流通渠道是交流、通訊及人員現場參觀。一個好的溝通的開始是給會議計畫人員發送調查表。此表集中了許多重要問題並且減少了頻繁的電話及在個別項目上的來往通訊。

二、落實協定中細節

大多數會議組織者對會議入住前的各項準備工作都會要求有進一步的落實。一是為了讓與會者能積極參與會議。二是保證會議場所環境舒適，便於與會者輕鬆、愉快地把全部精力都集中到主題上。細節落實主要是根據會議內容和形式來進行。酒店會根據協議書中的內容逐項落實，尤其是會議中的一些特殊要求要提前準備。

（一）對協定中的相關資料進行落實

1. 會議室大小和數量。
2. 客房種類和數量。
3. 能否適應會議程序和目標需要。
4. 適合於會議活動的各種有效空間（如：展覽廳、登記處、辦公室、娛樂場所、停車場等）。
5. 承辦餐飲的設施。
6. 會議所需設備。
7. 總體服務水準和信譽。
8. 職員素質及會議組織和管理的水準。
9. 可提供的有效服務，（如：複印中心、商場、文化活動、網際網路等）。
10. 娛樂活動。

（二）對會議需要的客房進行落實

客房的落實主要是為了保證會議接待的成功，兌現服務承諾。酒店往往會因與會者提前到達，如：飛機、火車時刻的變化；或現有酒店住客臨時要求延長住宿等原因而造成客房落實的困難。客房落實關鍵項目是：客房的種類和間數、客房中特殊設施的落實，如：對有特

殊要求的客房配備電腦和印表機等、客房服務項目準備。

1.客房設施（見表6-1）

項目	I	II	III
客房數量			
單人房間數			
雙人房間數			
套房間數			
床位數量			
洗手間			
燈光			
無障礙設施			
淋浴龍頭			
木塞			
洗手間地面			
浴缸			
客房			
潔淨程度			
裝飾面積			
電視			
抽屜			
寫字台			
空調			
旅館指南			

表6-1　客房設施

項目	I	II	III
電話收費			
電腦			
網路			
行李架			
掛衣架			
床位舒適度			
噪音			
室外噪音			
隔間設備			
地毯潔淨度			
窗簾布料			
窗戶潔淨度			
燈開關			
保險鎖			
服務			
侍門員			
飲料櫃			
客房服務			
morning call 服務			
洗衣房			
小費情況			
綜合服務			
其他（列出）			

續表6-1　客房設施

2.其他相關項目落實

（1）會議室：會議室的布置情況，查看會議室內是否需要重新布置。

（2）天花板的高度：是否便於使用視聽設備。

（3）會議室的形狀或空間大小：一般方型會議室較長型會議室方便使用。

（4）障礙物是否影響觀眾的視線和投影效果：最普通的障礙物包括柱型物、吊燈架等。

（5）裝飾：室內裝飾應有利於會議交流，牆紙是否合適，圖畫、鏡子和室外的活動景物都會影響與會者的活動。

（6）餐廳：廚房的位置，從會議室是否方便到餐廳用餐，檢查餐廳情況（注意不防礙他人工作）。

（7）洗手間：是否方便從會議室到洗手間，洗手間的數量和設施。

（8）標示牌：指明會議室的方向，標誌位置是否正確，文字是否便於識別。

（9）餐飲：檢查餐飲的品質和服務；有時間應到咖啡廳、酒吧，瞭解服務員的態度和服務效率。

（10）交通流程：檢查會議室的位置、附屬物，是否方便從一處移到另一處。

會議登記

　　會議登記是與會者入住酒店，安排住宿時提供的個人資料等最原始記載。當然，會議登記要求會議組織者配合酒店做與會者登記工作。

一、會議登記類型

　　酒店登記的基本程序及要求，對會議組織者在安排會議登記時是有很大幫助的。

　　通常會議登記可分為兩類：一、預先登記。二、現場登記。會議組織者一般鼓勵並強調預先登記。

　　預先登記是整個登記過程的一部分。預先登記能使會議組織者提前掌握出席會議的人數和名單，也便於酒店對客房和餐飲的安排，會議提前登記減少了會議登記現場的擁擠。

　　現場登記，對少數因特殊原因未能預先登記人員，報到時，在會議現場登記。會議登記是整個會議內的微小部分，但給與會者印象卻非常重要，會議組織者必須特別關照。

二、會議登記的資料準備

　　為做好會議登記，會議組織者必須準備好會議登記時所需的資料。

（一）會議登記表

　　會議登記表是蒐集與會者資訊的最佳途徑之一。會議登記表的項目設計取決於會議組織者需要瞭解多少與會者資訊。如果會議組織者

與酒店共同設計登記表時，登記表項目還需包括酒店所需要的資訊，主要包括以下內容：

1. 登記人姓名。
2. 參加組織的名稱和職位。
3. 詳細通訊地址，包括郵遞區號、電話號碼。
4. 登記者類別（演講者、委員會成員、貴賓、參觀者、記者等）。
5. 同伴人員姓名、關係。
6. 各專案收費的形式或數量。
7. 與會者所在單位、地址、電話號碼、傳真號碼。
8. 登記的日期和時間。
9. 抵達會議地點（酒店）的日期時間。

此表通常由與會者預先登記時填寫，然後郵寄給會議登記組織者。

（二）會議入場證

會議入場證是與會者報到後的登記標誌，是與會者入場時向工作人員證明自己身分的證件，可作為出入憑證等。入場憑證可採用印刷、電腦列印、手寫、打字等形式。入場證通常印有會議的標誌、會議名稱、與會者姓名、單位、編號等，有時還可附上本人照片。有些比較大型的重要會議用較精緻的塑膠燙金印刷。入場證常採用各種顏色來區別不同類型的與會者。入場證字跡應在三公尺之外可以辨讀。

入場憑證佩戴方式：別針式，可別掛在上衣上；夾袋式，可夾在上衣口袋上。

會議入場憑證有兩種：

1. 專用入場憑證：會議組織機構為本次會議專門製作的證件，

如：出席證、代表證、入場券簽到證等。

2.代用入場憑證：會議組織機構利用請柬、會議書面通知等形式的文書作爲代用入場憑證使用。

（三）票證

會議期間所用的餐券等各種票證，尤其是宴會券或其他特殊活動票證，要求按時間、用途寫清楚。票證是控制人數的一種好方法，尤其在特殊活動中以票證爲憑證掌握出席的準確人數。

（四）登記資料袋

資料袋裝有與會者在會議期間所需要的各種資訊。同時也包括便於客人瞭解會議的資料和閒暇時間娛樂需要的資料。資料袋內容多少主要取決於會議的類型，包括以下方面：

1.入場憑證和票證（餐券和多種特殊活動票證，如：旅遊票等）。

2.會議活動程序（內容要詳細、具體）。

3.活動更正表（對有關資訊安排的最新變更）。

4.會議內容摘要。

5.演講者的個人簡歷。

6.會議活動的主要資訊。

7.組委會情況。

8.會議室位置、展覽廳地圖。

9.預先登記表。

10.特殊宴會邀請（通常對演講者、組委會成員、貴賓而言）。

11.贊助資料簡介。

12.會議所在地地圖、主要風景點介紹。

13.展覽資訊。

14.文件夾、文具、記錄紙及公文箱。

15.酒店提供的信封，包括：鑰匙牌、歡迎卡等。

（五）登記者名單表

　　與會者如果是預先登記，與會者名單表最好能在登記時放在登記資料袋中；如果是現場登記，應在會議結束前印發給與會者。名單表不僅是一種記錄，而且便於與會者查詢同事、老友、結識同行業新朋友，也便於以後通訊及交往。

（六）會議預先登記安排

　　酒店根據會議組織者的要求對與會者進行預先登記，在客人到達前應做以下安排。

1.根據會議團體預訂中提供的資訊，在客人到達之前對客房進行安排，並將鑰匙裝進信封袋。

2.提前為團體或單位填寫登記卡，客人到達時只需簽字即可。

3.對會議團體收費。一般情況下，酒店不對個人收費。

4.如果由個人付款，所有帳目、資訊和客房單要備齊。

5.當團體成員到達時，可在大廳區域布置登記櫃台，並應避開櫃台處，以減少擁擠。

6.有時會議組織者要求安排團體到達的細節，並提前代表成員將所有單據表格取走，在路途中由客人完成。

7.給每個客人一個資料袋，裡面將有表示歡迎的酒店卡、鑰匙、收費說明、旅行城市地圖。

8.行李員幫助服務員搬運行李到安排的房間中，要求按一個團體安排在同一區域或同一樓層。

9.做好電話記錄。電話是交換台收到有關會議團體、個人資訊的

渠道。

10.通知有關部門準備就序，包括安全部、餐廳客房服務等。

（七）會議登記處

在會議團體到達時，會議登記處不只是與會者簽到取登記資料袋的地方，也是會議活動的中心。它控制進入會場的人員，收取登記費用，是為與會者提供有關資訊和解決與會者困難的場所。因此，會議登記處布置在大廳或其他較寬敞的地方，便於會議登記者有次序地進入，而又不影響其他客人。會議登記處還應設在較易進入會議室的區域。登記處一般要求專設已登記付款者櫃台、提前登記未付款者櫃台、現場登記者櫃台。會議登記處要求：

1.指示標誌明顯，能引導與會者按程序進行登記（有些酒店政策規定，登記處不設在大廳）。
2.登記處要有足夠的空間，便於客人從一個登記桌走到另一個登記桌。
3.登記桌應有空間以便於填寫表格，並有空間存放會議資料袋。
4.有專職人員提供資訊，指導填寫表格。
5.諮詢服務台回答與會者提出的問題。
6.如果是大型會議，應多設幾個登記桌，分組登記，減少登記時的擁擠。
7.提供同伴或家屬登記的地方。
8.提供會議登記用的筆和其他文具用品。同時提供休息室、新聞記者會議資料室。

會議登記時，酒店會議經理和會議組織者都應在場。他們可以迎接與會者並提供各種幫助。

（八）會議簽到資料

有些會議在登記時或出席會議時要履行簽到手續。使用何種登記形式要視會議的大小、種類而定。會議常見的簽到形式有以下幾種：

1. 簽到登記簿：會議組織者為本次會議簽到而專門印刷的，簽到內容包括到會人的姓名、性別、年齡、職務和工作單位等。大多數會議都是在登記時完成簽到的。
2. 宣冊簽到簿：宣冊簽到簿是一種裝飾精美的簿冊，宣紙製作，錦綾裱封，往復折式，古色古香，簽到用毛筆書寫，具有收藏價值。簽到者只需簽署姓名。此種適用於小型會議或大型會議的特邀嘉賓等。
3. 簽到卡片：供會議正式代表用於會議簽到卡片。一種是一次性使用的簽到卡片。卡片上印有會議名稱、時間和持有卡片人手簽的姓名，會議期間要舉行幾次全體大會，會議組織者就為每位正式代表發放幾張簽到卡片。舉行全體會議時，在入口處，代表將一張簽到卡交給負責簽到的工作人員即可。
4. 電子簽到卡：會議代表在收到會議文件時，就收到一張簽到卡片，代表進入會場，按序入座後，只要將簽到卡插進簽到器的特定位置，大會中心和主席台上的螢幕就立刻顯示出大會的實到人數。

三、現場註冊登記

現場登記一般是由會議組織者安排人來進行，有時也需要酒店派人協助。

（一）現場登記人員注意事項

1. 良好的工作態度：表現在與會者問問題時是最合適不過。
2. 做好解決問題的準備：如果在登記處有疑惑或問題出現，不要使與會者耽擱太久。要表明你一定能解決這個問題，鼓勵他（她）繼續參加會議。
3. 涉及付費的事宜（如：透過銀行匯款或郵件等），要做好相應的記錄（附帶匯票存根或複印件及信用卡號）並鼓勵他們參加會議。
4. 遇到了你不能處理的事情時請安排好協調員幫忙。不要當場大聲叫喊，而應用眼神示意或者帶與會者到協調員面前去談。你可以說：「讓我介紹一下，這位是⋯⋯！他／她可以幫助你。」
5. 遵照既定的穿著要求配戴「××會議工作人員卡」。使你看上去很專業化。這樣，與會者、參展者和演講者和你交談起來感覺會更好。
6. 最好穿舒適的、上班時穿的鞋子。
7. 隨身儘量少帶個人物品，如果你已經帶來了，就把它放在工作人員辦公室裡。
8. 維持原定的人員工作安排，但是需要時一定要請求分配幫手。
9. 出現緊急情況使你不能從事原定的工作時，毫無怨言地去做替換。
10. 記住應急電話號碼表上的所有資訊，這樣你能幫助那些找你幫助的人。
11. 隨時充當活動路標箭頭，準確地告訴與會者們如何找到房間、電話間、衣帽間、會議室和洗手間。
12. 一直面帶微笑。
13. 愉快工作。

（二）不能做的事

1. 工作時間不得在登記處進行私人聊天，不知道誰可能會聽到你們的談話。
2. 不要對前來登記的出席者、會議活動、參展者或酒店做出不好的評論。
3. 不要在登記桌位上放食物或飲料。
4. 避免嚼口香糖或開玩笑。
5. 不要對與會人員、參展者或演講人做出消極的回應（即使你有理）。
6. 不要坐著和與會人員講話，要起身面帶微笑地迎候他們。

四、提前到達的登記程序

與會客人比會議預期時間提前一、二天到達是常事，由於會務組還沒有住進酒店，客人登記一般由酒店按日常程序接待。

（一）迎接客人

服務員一開始就應和顧客建立良好的關係。無論多忙，應向顧客打招呼，並向客人問好。如果可能，通知其他有資格成員協助登記，並用最少的時間安排登記，並保持良好態度和高效率。

如果客人沒有預訂，酒店在有房間的情況下，服務員首先詢問客人的要求，包括房間種類、可接受的價格、同伴的人數以及所住的天數和房間的位置。客人住的天數應不與其他預訂相衝突，如果沒有客房，服務員會向對方表示對不起，說明原因，並為客人介紹符合要求的鄰近酒店，以減少客人的不安。

（二）櫃台服務

櫃台服務員不僅接待登記，而且透過提供接待服務，推銷酒店的其他服務項目。

1. 介紹酒店，包括餐廳、雞尾酒會、咖啡廳、娛樂、休閒設施等項目及價格；每個客房的位置及情況，酒店其他特殊服務專案。
2. 介紹酒店的產品，幫助他們決定所需。
3. 不要只是安排房間，還要預計顧客的服務要求，提供建議和幫助。

（三）有預訂者登記

如果客人有預訂，服務員會從預訂表中找出原來的預訂單，註明所預訂種類以及客房特殊要求。如：加床、客房放鮮花、客房餐飲酒吧和VIP預約的各種要求，包括：客房種類和價格、團體的人數、住的天數等。這時所有的詳細要求都將給予落實，因為當初客人預訂時的情況和實際住宿情況往往會有變化。

有些預訂如果提前登記，應在預訂單上註明其房間號碼，這樣便於顧客再登記。

（四）填寫登記表格

當收到客人填的表格後：

1. 服務員會確認客人的姓名（包括姓名的拼寫及發音）。
2. 稱呼客人要用名字。
3. 檢查並將其所需的項目寫清楚，如：地址、有效證件。
4. 服務員填寫需完成的項目，如：房間號碼、價格、離店時間以及簽名，會議團體客人登記時，要填寫會議登記表。所有項目

必須填寫快速準確。

（五）檢查信用卡

現在很多酒店在登記時都要求有關信用卡的資訊，尤其對於臨時住宿的陌生客人，要以信用卡為登記基礎。

（六）安排房間

當登記結束後，帶領客人到客房，應使客人有賓至如歸的感覺，並且證實酒店設施和服務能使他們感到舒適。

1.檢查客人行李的件數和位置。

2.用手推車搬運行李（由行李員或侍門員完成）。

3.帶領客人到房間，先敲門，確定無人後開門。

4.在客人先進入房間環視周圍環境時開燈或打開窗簾，然後按客人要求放好行李。

5.指出客房特徵，如：空調、電視、收音機、電話等。

6.留下鑰匙，然後祝客人在酒店愉快。

7.回到大廳。

8.簽侍門員拜訪單，萬一出現問題用來作為具體資料的證明。

（七）住店資訊送到各部門

當客人離開櫃台後，服務員必須儘快完成酒店所應填寫的表格和文件，並將資訊送到所有的部門（客房、交換台和資訊庫）等。

五、會議貴賓（VIP）入住接待程序

（一）酒店客務部接待程序

1.抵店前之準備

（1）客務部經理需預覽第二日到店的會議貴賓之名單，並與會務組聯絡確認貴賓抵達時間。

（2）客務部副理必須隨時瞭解貴賓到店前的任何準備工作，如果貴賓預計抵店時間為早上，那麼應提前一晚準備好房間；如果其抵達時間是中午以後，那麼房間應在中午十一點或貴賓達店前二小時準備好。

（3）貴賓登記表和歡迎卡應由夜班經理準備好，如果房間已清潔好，鑰匙也應準備好。

（4）早班客務部副理應檢查安排好的貴賓房，確保高標準的清潔衛生狀況和贈品的擺放無誤，將事先準備好之登記卡和鑰匙放入文件夾內，並存放在接待處。在客人抵達前務必測試會議門鎖。

（5）當地政府訂房用於外賓接待時，一般應列入酒店貴賓最高類別。

（6）預留給高層貴賓之房間，在住房率許可之情形下，不應再給其他訂房客人；相關部門必須確保預留貴賓房的良好狀態。

（7）公關部準備一封有總經理簽名之歡迎信，並由客務關係主任在客人到店前送至客房。

（8）櫃台負責列印貴賓名單並派往相關部門。

（9）在貴賓到店前半小時，應先開門開啟客房內照明。

（10）對於機場接機之高級貴賓，禮賓司應該衣著光鮮（包括乾淨的制服、白手套、光亮的鞋等）與酒店司機一起驅車前往機場接待貴賓。

（11）在高級貴賓到店前一小時必須從酒店入口處至電梯口鋪上紅地毯，公共區域應隨時保持地毯之清潔。

（12）一座客用電梯要由一名挑選出的行李員手動控制專為貴賓開門。

2.貴賓抵店

（1）貴賓抵店，櫃台人員應根據貴賓等級立即通知相關人員。

（2）客務部副理應護送貴賓來到預先安排好的房間，如果客務部副理不在場，前檯經理或前檯副經理應護送客人抵房。

（3）客務部副理應向貴賓詳細介紹酒店的設施。

（4）客務部副理應要求貴賓在入住登記表上簽名，如有需要應從貴賓處委婉要求信用卡資料。

（5）提供充足的茶點。

（6）由貴賓客人下車開始至步入大廳，歡迎隊必須揮手表示熱烈歡迎。

（7）如有女性貴賓，酒店人員應該獻上一束鮮花，然後貴賓將由總經理直接接送到客房。

（8）在貴賓抵店時，公關部必須安排一個攝影師負責拍照。

（9）電話房在貴賓抵店時，立即通知相關部門。

3.貴賓離店

（1）當貴賓離店時，櫃台人員必須立即通知客務部副理前來詢問客人對住房的意見。

（2）如有需要，櫃台人員應通知相關人員前來護送貴賓。

（3）如高級貴賓離店，紅地毯於離店前半小時鋪好，酒店應列隊歡送。

（4）客務部應安排專人等候在貴客所住樓層，專爲貴賓開電梯。

（5）酒店大門前應預留給貴賓車的車位，安全部負責交通之順暢。

（6）酒店管理人員應護送貴賓至酒店大門口，歡送貴賓離店。

（二）酒店公關部接待程序

1. 在客人入住前準備由總經理簽署的歡迎信，經工作人員放置於客人房間。

2. 及時通知酒店管理層有VIP客人將入住酒店。

3. 向主辦單位訂房者或會議組織者預先瞭解VIP的有關資料，此次行程計畫，活動安排，入住本酒店有何特別要求，將詳細情況上報酒店管理層。

4. 配合客務／房務部檢查客房內按VIP不同等級所擺放的房間用品，禮品（如：鮮花，水果籃等）。

5. 如VIP在酒店內舉行會議或重要宴會，公關部需配合宴會部檢查會見廳／宴會廳的擺設布置。

6. 安排專業攝影師在歡迎和歡送重要貴賓時拍攝照片。

7. 當重要貴賓到達時，與酒店管理人員在酒店大廳迎接。

8. 客人入住後，有必要在客人方便的情況下與其約定探訪時間。

9. 探訪時，代表酒店感謝客人的惠顧，詢問客人入住本酒店的感受，記錄客人的意見和要求，並傳達至相關部門。

10. 在貴賓或主辦單位有要求時，協助安排並陪同貴賓參觀酒店或當地市內觀光。

11. 當重要貴賓離開時，與酒店管理人員在酒店大廳歡送。

12. 對於重要貴賓的到訪和重大會議的召開，在貴賓離開酒店後，

向新聞媒體、旅遊雜誌發布資訊（新聞放送內容需徵得貴賓或主辦單位同意）。

13.及時報導有關貴賓入住酒店及重要活動的新聞，並定期整理編入酒店內部資訊刊物（Hotel Newsletter）。

（三）房務部VIP接待程序

1.確認VIP的姓名、房號、入住日期、入住時間和VIP等級。

2.按相應VIP級別標準提供服務。

（1）客人入住以前二小時按等級標準擺設好鮮花和果籃。

（2）根據客人國籍送當日該國語言報紙，如沒有相應語言報紙，則送英文報紙。

（3）將電視調至該客人的母語頻道。

（4）在V3級客人抵店前半小時鋪紅地毯於酒店正門。

3.所有VIP房入住前二小時，房務人員必須嚴格按查房程序檢查房間。V3級房間入住前二小時，資深房務人員必須檢查房間。

4.貴賓抵達樓層前三十分鐘，打開相關房門，開啓房間所有照明燈。

5.V2級貴賓由房務人員率領樓層服務員。V3級貴賓由資深房務人員率領樓層服務員在電梯口迎候。

6.所有VIP入住三分鐘內，根據客人人數送上歡迎茶。

7.每天首先安排做VIP清潔，V3級貴賓每次外出均需打掃房間。

8.VIP房的開床服務在晚上七點以後，儘量於客人不在房間時進行。

9.為貴賓房贈送紀念品。

（1）V1房贈送乾燥花。

（2）V2贈送鮮玫瑰一枝。

（3）V3贈送鮮玫瑰一枝和裝飾漆盒（內裝巧克力或其他類小食），酒類贈品由餐飲部提供。

10.VIP房所有洗衣均作加快處理，按普通洗衣收費。服務員收取洗衣時，在洗衣單上注明是VIP，並立即送交洗衣房洗滌。

11.V2級貴賓離店前半小時由房務人員率領服務員到樓層電梯口恭送客人，V3級貴賓由資深房務人員帶領送客。

12.客人離房後立即檢查有無遺留物品，如有需儘快在客人離店前交還。

13.房務人員在貴賓退房時儘量獲取客人對本酒店及此次入住的意見或建議，並反應給上級。

（四）送衣房接待程序

1.取回洗衣時，由註明VIP的洗衣，將洗衣單號登記在VIP紀錄簿上。

2.V1和V2級貴賓的洗衣，由洗衣房主管檢查跟進，V3級貴賓的洗衣，必須由洗衣房經理全面跟進確保洗衣品質。

3.嚴格檢查，按質料確定洗滌方式，確保不發生問題。

4.V3級貴賓的洗衣，單獨洗滌。

5.洗滌以後，交待熨燙組領班或技術較強的平燙員負責熨燙。

6.洗衣經洗衣房經理檢查品質，確保高標準、高品質。

7.包裝完畢後，立即送上樓層。

8.VIP客洗衣必須在客人要求的送回時間之前送回。

會議客房安排

一、客房安排的原則

酒店對會議團體的客房進行安排，通常根據會議組織者官員的要求，安排客房一般應處理好以下幾個方面的關係。

（一）優先權

會議組織者事先提供酒店一份VIP人員名單，有必要把某些客人編為這一類並說明給他們特別的膳宿安排，如：協會董事會成員、行政人員。展覽者、演講人員及表演者可能會要求加入特殊招待名單。

為VIP安排環境較好的房間或套房。通常會議服務經理的職責是監督這些準備是否井井有條，建立一套步驟，在客人到達前一天檢查並確認哪一類膳宿分給了VIP。另外，經理還應掌握VIP的抵達時間。

有些酒店的策略是讓銷售部監督VIP應得到的服務標準，會議決策者通常在優先名單上可以找到。

VIP名單應做上記號，包括：可能提供的水果、飲料和鮮花。如果酒店只有有限的幾間套房，會議組織者與會議經理討論做好房間的分配工作，有些會議組織者規定負責展出的人員可以擁有招待套房。

還要注意為晚到的人員準備一些條件優越的房間。

（二）房價結構

在預訂時首先涉及的是會議代表們的房價問題。大部分會議會先提出前幾個月來的計畫組織，酒店不會承諾任何不變的價格，這個策略通常在首次談判中即談到，在最後的合約中也包括。並註明「所有的價格隨時會改變」可以維護雙方的利益。

很自然，價格在不同酒店之間，甚至在同一酒店本身會有差異。酒店價格通常根據：一、旺季或淡季。二、團體大小。三、逗留天數。四、房間種類。五、使用房間天數。六、已知的出席情況及過去會議團體的困難來決定。

酒店決定會議價格的主要形式有：

1. 公開價：所有價格沒有任何折扣或優惠，這是酒店為易於記錄而採取的定價方法。
2. 滾動式房價格：把有房間除套房外都定價在最低價和最高價之間，而不管樓層及地理位置。有些客人付多於平均的房價，有些卻付少於正常的價錢。這又叫做無差別定價。
3. 折扣價：又叫優惠價。當這種定價會帶來可觀的生意時，有些酒店會採用這種方法，刺激現有商業客人或從酒店的競爭者那裡招攬別的更好的團體生意。

小的團體要求使用無差別的價格，而大型會議會發現折扣價更適合他們，公開價很少用於會議，除非團體很小或酒店出租率很高。

折扣大概在公開價的30％內，酒店的目標是為了保證它可以取得生意，並維持儘可能的高價。酒店打折還要考慮會議團體：有無雞尾酒會、宴會？能否使用展覽大廳？今後團體生意的機會是什麼？團體是否願意為保留預訂而寫下公司的財務狀況。

不管價格靠什麼決定，會議組織者和酒店之間對價格劃定是很重要的。會議組織者應根據酒店價格可能的底限確定一個雙方能接受的折扣價。

（三）預訂房間的準備

1. 客房的種類及數量：許多會議協定，需要對所有房間的總數予

以保證。當活動將要來臨，應知道有多少單人房、雙人房和套房。

2.客房的衛生及用品的布置。

（四）抵離方式

在安排房間時需要有一個大概的估計：客人何時到達何時離開。會議計畫人員也許根據以前的經驗想出點辦法。很多公司會議，與會者經常由於交通困難和落實私人旅行計畫或由於當地（即會議城市）旅遊或娛樂設施吸引而提前一兩天到達。對於提前和會後滯留人員的收費標準方式應有說明。

對於會前一、二天先抵達或會後多待幾天，必須具有類似的房間保證使用，並確保不與其他團體會議相衝突。

酒店要對抵達情況作計畫，以便安排手下人的工作。保證身邊有足夠的辦公人員和服務人員，為某一特定時期大量客人同時湧入作準備。

很多會議是很早就提前預訂的，房間數目只是一個估計值，這使酒店和會議計畫人員之間的溝通變得更為重要。

協議書應說明一個會議可以確定的截止日期，通常三十天左右。各種情況下，預訂數應確定，然後把副本給會議計畫人員。

會議臨近，酒店和會議組織者應重新檢查承諾並重新檢定數目。如果有必要，相互重新合作可以減少代表們因重複預訂導致酒店的超額預訂。

會議計畫人員應注意影響大部分人員出席會議的資訊，精明的計畫人員將把他們的理解及暗示和酒店有關部門溝通，以便客人方便地住下來。經常與酒店保持交流往往能促進良好的合作，這時對於只有極少或沒有其他生意的度假酒店同樣重要，特別在淡季。

會議計畫人員與酒店人員應保持經常聯繫，共同組織會議，對房

間進行特別調整，在會議開始時不會因供房問題而感到束手無策。

（五）免費贈送

會議組織者必須瞭解很多酒店對會議團體提供特殊優惠。通常旅館每訂五十間可提供一個免費用房，或每一百個客房提供一個套房。

由會議計畫人員提供的房單應詳細說明住房的人員名單。會議計畫人員的責任是詳細解釋給客人免費房的範圍，並給酒店留下一個副本，以避免發生不必要的爭論。

會議計畫人員應告訴客人，免費房間是否由演講者、貴賓、計畫人員來使用，他們需要付多少錢，哪些專案應該記入帳房。

有些酒店有時會免費提供會議場所，這並沒有一個統一的標準，酒店會使用合理的決策來完成銷售。

（六）其他

很多酒店在大型會議期間，由於酒店超額預訂，往往需要附近酒店協助，可能為會議或宴會提供多功能廳或展覽廳等。如果會議需要安排在兩個或兩個以上酒店，包括：設施的使用等，酒店之間的帳目應統籌安排。另外，酒店房間內的供應品，如：水果、鮮花等應根據協定中的規定給予準備。

（七）會議團體的記錄

酒店對會議團體的接待，大多取決於團體的信譽和完好的記錄。尤其是會議團體能履約和守信，以及會議組織者能有組織控制會議的能力和經驗。酒店會根據以往該團體的出席人數情況來安排房間或房間數目及日期。酒店對會議團體房間數目及會議室使用變化是非常敏感的。

（八）結帳和離館手續

如果結帳排隊，車船安排有誤或與收銀員發生爭吵，會破壞一個本已組織良好的會議，破壞與會者良好的印象。離館手續是決定會議成功的因素之一，也影響下一次會議。會議組織者應建議酒店把結帳時間放在午餐後下午一點。如果是午宴，應請求酒店提供充足的時間以方便結帳。一個快速有效的結帳系統，會讓客人留下良好的印象。

（九）電腦的影響

電腦在酒店的應用從預訂到結帳之過程給會議團體提供了迅速而充滿人情味的服務。

1.預訂

當接到預訂時，所有關於會議成員的資料輸入電腦，貯存於文件磁片上。一旦資料列印完成，不必再複印資料，同樣的資料可以在確認預訂金、預先登記、結帳和記帳方面使用。

印表機會自動列印確認單，減少人工作業時間。電腦透過程序產生會議預訂那天的房間數，這可以減少在每次會議上保留繁雜的數據表。

2.登記及房間安排

在準備房間及房間安排時也可減少很多人為工作。酒店把會議團體代表們按字母順序先後排列，並根據膳宿類型及要求的價格安排房間。當代表們抵達時，在給他們提前印好的登記卡上簽名即可。預先登記的方法節省了不少人力。

3.結帳及記帳

在代表們逗留期間，費用轉到電腦上。當客人準備結帳離館時，就給他一份轉移帳目，電腦系統可以向會議成員提供消費總帳及在各營業中心消費明細帳表。

二、客房衛生

　　客房衛生是會議組織者應和會議服務經理協商的重要事項，從會議組織者角度要求酒店在團體會議期間提供足夠的服務。然而，酒店可能會因團省開支，而減少其中的服務項目和服務內容。

　　會議期間客房服務七項基本工作缺一不可：

1. 整理房間，包括鋪床：一般會議期間床上用品不每天更換，大多三、四天更換一次，這些需要事先列入合約條件中。
2. 清除垃圾：避免將會議資料清走，造成洩密，可要求提供碎紙機。
3. 清潔室內用具，包括清掃衛浴間和家具。
4. 除塵。
5. 清掃地面。
6. 放置客人盥洗用品：毛巾、香皂、衛生紙等。會議客人用品可能比其他商務客人房間的用量要少。
7. 防止污染：防止客人從接觸他人用過的用具中傳染。

　　對於會議客房中的特殊服務應事先在合約中予以註明。
　　一般要做到乾淨、舒適、具有吸引力和安全。

1. 乾淨：清掃房間和公共區域。
2. 舒適：提供舒適的環境是酒店每個部門的共同職責。
3. 有吸引力：客房和一些公共場所的設計和裝飾應有吸引力，美觀和實用方面都要考慮在內。
4. 安全：防止任何可能發生的意外事故。

7. 會議室的布置

□ 會議室的使用計畫
□ 會議室的布置

會議室的使用計畫

　　酒店必須爭取兌現曾向會議組織者所做的重要承諾，尤其是為了會議活動的圓滿而提供所需的各種會議室或多功能廳。

　　既要根據會議組織者的會議活動計畫和會議日程表所確定的會議日期、時間、內容、地點、出席人數及布置要求來完成；又要根據會議組織者與酒店達成的每個會場布置的要求而製成會議布置的說明表和會議室的布置圖樣並按所需設備來布置，同時還要根據所需的服務要求和標準提供茶點服務。

一、會議室使用計畫

　　根據協定，會議室布置通常是由承辦會議的酒店來完成的。會議服務經理是安排會議和布置會議室的最佳人選，因為會議服務經理瞭解會議室的所有設施及其環境。同時，會議室的安排必須在和會議組織人員仔細研討的基礎上進行，因為會議組織人員瞭解會議活動及其特徵。

　　大型酒店或會議酒店都有一定數量適合各種會議的會議廳，而且常常比某一會議活動所需要的多。傳統酒店因不以會議客為主，常會出現會議室不足的情況，會議服務經理應儘量利用多功能廳安排好會議。

　　通常會議組織者都會要求會議室為其保留所有的會議設施，直到草擬會議程序。除非絕對必要，會議經理是不會將昂貴的產品（會議室）長期鎖起來不出租的。

　　會議組織者在與酒店討論所需會議廳室情況前，應儘快決定實際上需要的廳室。因為，酒店可能在同時承辦許多會議，此時，如何周

密安排會議廳堂的使用更顯重要。

在酒店裡，很多公共空間可以用作會議室。常用來作會議室的空間有：

1. 展廳。
2. 宴會廳。
3. 會議室。
4. 餐廳VIP房。

有時可用休息室甚至停車場、游泳池或草坪等場所召開雞尾酒會，酒店的套房如配上會議桌和會議設施後可以召開小型會議，酒店後花園可用來舉辦晚會。儘管酒店的任何公共空間都可以用來作開會的地點，但要根據會議的類型和內容作合理安排。但會議組織者在作會議計畫時要求更詳細的會議室資料，如：每個會議室的草圖，包括出入口、燈的裝飾、其他障礙物，同時包括會議室不同布置方式時的最大容量。在會議室布置方面，除非得到會議組織者的指導，否則會議室的布置將按照原計畫安排使用。

二、會議活動的變更

在安排布置會議室時，不僅要考慮到特定條件下會議團隊的大小、會議類別、會議舉行的方式、會議室的位置、通道、電梯、自動手扶梯和停車場的安排、存放外衣的房間以及會議室隔壁廳室的干擾，如：有聲電影就會對隔壁會議室產生很大的干擾，而且還應考慮到會議活動的變更。一般所有的活動安排必須提前六十天確定提出。

會議組織者應把有權更改會議室的負責人名單交給酒店會議服務經理。因為有時候，會議必須在短時間內做出變動，如：取消某次會議，改變會議時間表等情形。而會議組織者和酒店又沒有時間詳細研

究複查，所以，會議組織者提供的名單中必須詳細註明權力的等級和範圍及其成員之間的權責範圍。

同樣，作為會議承辦者的酒店應給會議組織者一份會議服務部門經理的名單。雙方「關鍵」人物應在會前相互認識並共同討論可能的變動。如此，酒店在會議籌備過程中將能準備出所需要的工作人員和安排會議室布置時間。

會議組織者常常要根據與會者的變更情況來考慮會議和個人活動，必要時將原本預訂的會議室更改成較大或較小的會議室，此時要通知會議服務人員和與會者，讓他們瞭解這種情況，並在關鍵時候做出妥善的安排。

三、會議室大小的安排

在選擇、確定會議室的大小時，很多因素必須考慮進去：一、預計出席會議的人數。二、所要求會議室的布置形式。三、所需視聽設備的種類。四、所需附屬設施，如：掛衣架、道具、演講桌。如果考慮在會議室內供應咖啡、茶等飲料，就應適當增加空間。

會議室的安排：

1.考慮會議的座位形式。
2.座位的數量。
3.根據會議種類保證滿足會議的特殊要求。
4.要有足夠的時間作變動安排。承辦單位同時安排幾個會議，他們用最短時間來保持人力和設備的變化，不會顧此失彼。
5.會議組織者需和會議服務經理商量有關主席台的樣式、布置要求以及鉛筆、印刷資料、水杯、水壺、煙灰缸的擺放位置和方式，有些會議還要求桌上放置名牌。

每個會議都有其特殊要求，會議服務的關鍵是注意其細節。酒店必須告知會議組織者布置會議室或更換會議布置所需要的時間，否則，會因活動安排得太緊密而不能保證提供服務及影響服務品質，影響會議進行。所以會議組織者要瞭解會議布置和提供服務所需時間，作於安排會議活動時程上重要參考。

會議承辦單位常常在允許的情況下接受任何類型會議的預訂，因此會議組織者須把自己的會議時間安排得充足一些，以保證會議按時間表順利進行。

四、會議室的收費

一般情況下，會議承辦單位宣傳冊子上有承辦各類會議的能力，但並沒有明確其收費標準，會議室收費具有很大的彈性。會議組織者會根據所需要的時間和空間進行討價還價。如果是聚餐會（宴會），應按每個人標準收費；如果是大型的展覽會，會議團體覺得客房的價格太高，可要求酒店減少客房價格，而增加展覽廳或會議室的費用，會議組織者則把成本從客房轉到展覽上；如果一個會議能使用足夠的客房，通常會議組織者就要求對會議室免費。會議組織者常以充分占用客房而對會議室收費討價還價。

對於酒店來說傾向於收取會議室的費用，而且會列出確實可行的會議室收費標準價格，並草擬出會議室的輪廓安排。會議承辦者常以此作為向會議組織者討價還價的籌碼。

目前趨勢是收取空間的費用。有些會議承辦單位對下列情況進行收費：

1.所有的展覽活動。

2.使用二十四小時的會議室。

3.對於非常規格或急用的會議室。

4.將酒店客房收費標準降到一般價格以下。

5.對於不在酒店住宿而只在酒店租用會議室舉行會議者。

總之，會議室的使用沒有統一的收費標準，酒店對收費是考慮到會議空間設施的使用以及酒店餐飲、客房和其他盈利部門的收入情況來決定價格的結構。本書第二章已探討了有關會議室收費的標準。

五、會議服務程序指南

會議服務經理是酒店和會議組織者之間的協調者，同時也協調酒店內每個部門的工作。他有廣泛的決策權力並與各個部門保持聯繫。儘管在大多數酒店，會議服務經理無權直接管理餐飲部和房務部，但他有權與這些部門聯繫協商而保證工作的完成。

會議服務經理有自己管轄的部門，即會議銷售和會議服務部門。他根據會議組織者的要求來編制會議服務指南，用來指導會議服務部門完成會議室的布置及各項工作。

會議服務程序指南應清楚說明工作的責任和權力，告訴職員如何完成工作。程序指南還應包括圖示、說明以及完成步驟。服務程序指南也可包括會議室布置的有關規定和原則。

這種服務指南並不是永恒不變的。

六、會議室的布置和撤台時間

（一）布置時間

掌握安排、布置每一個會議所需要的時間是很重要的。很多會議布置失敗是因為沒有估算布置會議所需要的時間。會議布置需要內行指導。會議服務人員應讓會議組織者瞭解這個時間過程，便於在程序

草擬出來後討論。圖表應列有最大量布置整個會議所需要的時間，說明所需要的人數。在時間緊迫的情況下，應多組織人力來完成。

（二）撤台時間

當會議結束時，服務人員要撤台和清場。椅子和桌子應整齊地排放在一起，如果會議室暫時不用，應將桌椅和相應的設備貯放。

會議室布置通常是會議承辦單位根據會議組織者的目標、會議活動內容和會議空間條件來布置的。

會議室的布置

一、影響會議室布置的重要因素

（一）會議議程與議題

會議室的布置必須符合會議議程的要求，並有助於會議議題的完成。

議程是為完成會議目標的詳細活動程序所組成。它是指會議全部過程的安排。會議議程的安排受到很多因素的影響，無論採用何種議程形式，都應保證資訊的傳遞以利於達到會議的目的。

會議議題是指會議將決議的事項（包括議案、提案等各類問題）的摘要或題名。會議的形式不同，議題也有不同。專題性會議只有一個議題，綜合性會議有兩個或兩個以上議題。

會議議題是會議的核心。只有確定了議題，才能有會議。會議議程確定了議題討論的先後次序。會議議程的合理安排就是為了更有效

地解決會議議題。這就要求提交會議討論的議題必須屬於會議討論的範圍之內，並且有一定的文字資料，便於事先列印發給與會者商議。

1.會議議程的特點
 （1）執行：議程目標是組織者和與會者在每一步驟和最終過程中所欲達到的目的，議程目標為應執行的結果。
 （2）狀況：議程目標描述執行者將遇到的情況。
 （3）標準：能接受的執行標準，並說明完成到何種程度。
2.會議議程結構
會議議程結構包括了會議議程目標的所有特徵。
 （1）編制目標清單表。
 （2）決定最有效的會議形式。
 （3）根據與會者的情況，安排最佳會議時間。
 （4）決定最適合於完成會議目標的方法。
 （5）聘用有資格、有經驗的專家，如：演講者、培訓者等。
 （6）編制最有效的時間表。

（二）會議計畫

 會議室的布置應根據會議計畫中所列的具體要求來進行。

 當會議目標確定後，就必須為達到這些目標而進行計畫。每一個會議設計需要包括很多內容，而這些內容常以表格形式出現。會議計畫常見內容包括：

1.列出到達和離開時間，包括：會議工作人員、VIP和與會者。
2.登記程序及所需的人員、設備和用具。
3.列出客人所住房間的總數和明確房號。
4.列出VIP名單及其頭銜。
5.列出會議工作人員的姓名和職位。

6.會議和付款程序，包括：會議主管姓名。

7.每日會議日程表。

8.列出餐飲菜單、廳室布置和詳細布置計畫。如：提供裝飾物、主席桌、主席桌上的人數、每位服務員服務的人數、時間保證、小費的數量。

9.列出特殊活動，如：娛樂式舞會，包括：地點、聯繫人、電話和成本。

10.列出視聽設備，何時何地需要及成本。

11.列出其他設備，如：椅子、講台、桌子的數量和種類。

12.列出地方供應和服務部門的地點、電話號碼，包括：股東公司、運輸公司、汽車出租公司、有能力的經紀人、旅行社和當地主要航空公司的辦公地點等，如果是國際會議還應包括貨幣兌換室、翻譯處等。

13.列出旅店關鍵人物，特別是會議服務經理，包括：地點和電話號碼，列出與會議有關部門主要人員的電話和地址。

14.你認為應該需要補充的資訊。

15.只限內部專門使用的合約和信件的附本。

會議計畫是整個會議從開始到結束的整個進程活動具體時間安排，這種安排利用一些主要表格來完成。下面是常用的會議活動表格。

1.會議活動表：活動表應該列出時間（最好是按二十四小時標出）、活動的標號（連續的號碼）、會議名稱、會議地點、出席會議人數及每一活動的會議表的頁數。

組織名稱					
時間	活動標號	會議名稱	地點	人數	頁碼

2.會議日程表

日期／星期	時間	會議內容	會議地點	會議室布置要求	出席人數
21日／周二	8:00AM～9:00AM 9:00AM～12:00AM 12:00AM～2:00PM 2:00PM～5:00PM				

說明：時間安排應越具體越好，其中包括：會間休息、用餐時間等。另外還應考慮以下因素：

1.合理安排離開與出發地點的時間，包括：從居住地到集合地時間，到達會議地點後應提供快速有效的登記服務。
2.提供自由時間，以便與會者的更衣和放鬆。

（三）會議目標的達成

會議目標的達成受多方面因素的影響，如：為實現會議目標所能

提供的資金、會議組織者的能力、會議組織者與相關部門（組織）之間的關係、已經簽定的協議書、種類和承諾程度、會議的時間、地點、會期安排、需要遵循的傳統習慣、從過去會議中獲得有關與會者需要和願望的資訊、本次會議參加的對象及其責任、建立何種會議程序等。但會議環境和會議程序直接影響會議的最終結果，所以會議室的合理布置對完成會議議題，達成會議目標是具有一定作用的。

明確而簡潔是制訂會議目標的一個原則，一個完善的會議目標不在於有多少人能看見，而在於有多少人能認同並且使用。會議目標的特點如下：

1. 會議目標應表明其應達到的結果，並確實能指導今後有關工作。
2. 會議目標應避免因用詞含糊而產生爭議。
3. 會議目標必須詳細並具有可測量性。
4. 會議目標必須考慮到各個不同團體和個人的願望和需要。
5. 會議目標應能指導會議的計畫和管理行為。
6. 會議目標必須與組織管理者政策一致，短期目標與長期目標相輔相成。
7. 會議目標必須具有現實性和可達到性，並易被與會者理解。
8. 會議目標必須明確表明實現目標的時間。
9. 會議目標應透過文字記錄、複印文件等形式保存。

二、會議室空間布置要求

會議室空間通常是指會議房間的大小。會議的成功不僅需要精心安排的會議活動程序和良好的會議設施，而且還要使整個會議活動能在會議空間內有效地進行。由於與會者大部分時間都花在會議室，會議室或會議廳是否有足夠的空間來容納與會者，這就取決於：

1.會議空間和與會者人數是否相稱：會議室人數太擁擠，會破壞會議氣氛，而且使空氣變得渾濁、不利健康、影響情緒。因此要保證室內通風良好。要求會議室高度一般不低於四公尺，小型會議室高度不低於三‧五公尺；室內氣溫夏季一般為21～28℃，最佳為24～26℃，冬季是16～22℃，最佳18～20℃；室內濕度在冬季相對濕度不低於35％，夏季不高於60％；室內氣流應保持在〇‧一～〇‧五公尺／秒，冬季不大於〇‧三公尺／秒。

2.會議室空間是否有利於演講者與與會者之間和與會者相互之間的溝通與交流。會議出席的人數不同對會議室布置的要求也不同。凡要討論的會議內容應事前認真計畫，否則只會增加會議室布置的工作量。潛在的交流迴路受到人數的影響，當人數增加，潛在的交流迴路迅速增加，在一百個人的團體會有四千九百五十個潛在的交流迴路。人數越多容易導致喧鬧，所以，理想的交流活動必須儘可能將交流迴路保持越少越好，以便於人們在思想上保持交流狀態，這點對於討論會尤其重要。一般討論會理想的團體是六至十二人，實際上一般會議很難做到。如果安排妥當，保持在二十至三十人也可以，如果超過三十人，會造成只有少數人參與交流，大部分都是沈默者的情況，沈默者人數越多，對會議干擾就越大。

3.減少會議室的設備設施所占去的空間有利於會議室布置。在會議室裡，隔音牆板或可移動牆板和窗戶、門、樑柱等障礙物以及室內固定裝置如：舞台、螢幕、家具等，乃至冷暖設備、音響裝置、電源以及桌椅等，這些設備設施對會議空間布置都會有很大的影響。

（1）距離：指人們之間相距的位置。人們之間的距離每超過〇‧六公尺，則相互交流效果將按比例減少。會議室的布

置和座位距離的安排直接影響著相互間的交流。下面以四個會議桌的布置為例。

- 甲桌：坐在A型桌兩旁容易同鄰桌的客人談話或直接同桌對面的人交流，而在桌子兩頭的人交流就困難。寬而長的桌子增加了交流的難度。
- 乙桌：會議桌安排有一個中間間隔，空間距離大，會造成空間浪費，也妨礙人們的交流。
- 丙桌：這種「U」形桌，如果裡外坐人，內側會因背對背而妨礙交流；如果坐外側，中間的空距也影響交流。
- T桌：T形桌主要問題是視線受影響，坐在「T」形桌下角的人，看不見坐在「T」形桌頂上的人。另外，圓形桌也存在兩個問題：一是坐的人太多而使座位太擠；二是如果圓桌直徑大，會增加空間距離而影響交流。

（2）障礙物：會議室內很多物體會使交流受到嚴重影響。一些沈默的人喜歡有障礙物體的地方。若要求每位與會者都參加交流，就應減少這些障礙物體，如：室內樑柱、天花板上的燈柱等。

（3）噪音：來自會議室外部環境如：臨街過往車輛、周圍施工、會議室鄰近的電視干擾等以及來自會議室內傳播設施的使用不當而產生的噪音，如：擴音器、話筒等都會使會議交流受到影響。交流總是在一定狀態下進行，如：時間、雙方情緒、會場氣氛等。演講者通常要等到會議氣氛適宜時才開始交流，有時演講前需要對情形狀態進行調整。所以，會議室的布置對會議交流有最終影響。

三、會議形式與會議室的布置

按會議議事方式，會議形式可分爲：

（一）全體大會（報告會）

以某種組織或團體的名義，爲某種特殊活動召開的會議。會議議題常是有關形勢、工作報告、工作總結等。報告會一般由全體大會和分組會議組成，這類會議有時還附有展覽。報告會通常使用可用來向全體成員傳達資訊的大廳或會議室和用來對特殊報告中的問題進行分組討論的小會議室、大型報告廳。

（二）研究會

研究會通常是就某一專題或某些專題的研究進行通報。研究會通常要求成員參與討論、探討，有一定周期性。研究會根據出席人數，其規模可大可小，並要求對各階段會議情況進行通報。常見有專題會議和學術會議。研究會要求使用小型會議室或學術報告廳。

（三）研討會

由專門小組或會議主席組織，圍繞一個專題或幾個專題進行反覆討論，希望與會者提出各種見解，要求更多的參與交換意見，並且由大會或小組發言人向與會者傳達不同觀點，由會議主席引導討論，總結觀點。討論會著重於資訊的溝通交流，讓擁有各種觀念的與會者都有發表自己觀點的機會，求同存異，以達到對某一問題加深認識的目的。研討會只限於相關專題的各類小組中進行，一般用小型會議室。

（四）座談會

與討論會相似，座談會是一種邀請有關人員交談、探討某一或某些問題的會議。無論個人還是小組都可提出問題並給予展示，常用於

對某個問題或決定徵求意見。參加人員只限於預先要求的範圍。座談會可用餐廳、VIP房來布置。

（五）講座

講座是由一兩個專家就某個（或幾個）專題向與會者正式發表或階段性演說，也可根據聽眾提問來進行，其規模可大可小，用報告廳來布置。

（六）培訓班

用一個會期（一周或更長時間）對某類專業人員進行正規的技能、技巧等業務知識方面的訓練或培訓，使之獲得新知識、新技能和對問題的新見解，以達到職業要求。培訓有理論培訓和技能培訓兩大類。將大會議室布置成教室型。

（七）鑑定會

由專家們對某一特定目標（技術、問題）進行診斷，以判定其等級、水準和適用範圍，同時提供指導。選擇具有展示條件的空間來布置。

（八）展示會

在某一場地，以實物形式展示物品、技術或服務。展覽會有時與報告會一起舉行，有時伴有鑑定會、評獎活動等。大型展廳是將酒店一部分公共場所用於展示活動。

（九）展銷會

展銷會與展覽會類似，不過展銷會主要是以貿易銷售為特徵，同展示會布置。

（十）例會

某一組織如：協會、學術機構、公司、事業單位等，在固定時間如：每月、半年等，在某一確定地點召開的會議。例會內容主要是討論組織內的工作和交流資訊，與會者都是組織內的成員，如：學術團體的年會。根據會議大小，出席人數來選定相應會議室。

另外，還有表彰會、紀念會、動員會、演講會等會而不議的會議形式。

會議的形式決定了會議的座位形式及座位數量，最終影響會議室的布置形式。

四、會議室的布置

會議室的大小直接影響會議的氣氛，而會議室的大小又取決於會議室的布置，會議室的布置又以桌椅的布置最為重要。

基本的會議室空間布置有下列幾種形式：

（一）禮堂（或劇院）型

這種形式是最常見的一種座位安排，所有的椅子布置都面向演講者、講台或者是主席台。這種形式既適合於大型會議，又適合於小型會議。這種布置的特點是可在有限的空間裡容納最多的人數。

按這種方法布置椅子時，應先放兩把椅子留出走道空間，椅子之間橫距五公分，椅子前後中心距離為七十公分。椅子的布置應使前後左右都成一線，走道距離和留出的走道空間應根據各會議室條件約束和地方法規來安排，主要應考慮到安全需要。

第一排的椅子應離講台或主席台約六英尺。布置禮堂型的座位時，防火部門要求走道從廳室的前面直到後面，並且在中央部分布置橫向走道。

每一排椅子的數量要便於客人能迅速找到自己的位置。禮堂型的

布置可以是方形、半圓形和U形，根據不同的情況來確定講台或主席台的位置。如果用帶扶手的椅子布置，椅子前後左右的距離就應大些。

當桌椅布置後，應將水杯和煙灰缸放在講台或主席台上，煙灰缸每兩人一個。

禮堂型布置有多種形式，有V型和端正式等多種（見**圖7-1**、**圖7-1-1和圖7-2**）。

（二）教室型

這種布置與學校教室一樣，在椅子前面有桌子，便於與會者作記錄。桌與桌之間前後距離要大些，要給與會者留有座位空間。這種布置也要求中間留有走道，每一排的長度取決於會議室的大小及出席會議的人數。

一般要求每個座位都提供一個水杯和一個煙灰缸，或者每個座位放置一個水杯或用托盤提供水杯服務。

教室型布置，除與講台平行布置桌子外，也有與講台垂直布置桌子的，這樣便於與會者坐在桌子的兩邊，但要留有足夠的空間，能使與會者將椅子側向講台，也可將桌子布置成V形，主席台在V的頂部（見**圖7-3和圖7-4**）。

（三）主席台型

主席台與與會者桌子布置有下面幾種情況：

1.U型：很多小型的會議傾向於面對面的布置和安排，「U」形是較常見的，即將與會者的桌子與主席台桌子垂直相連在兩旁。如果只有外側安排座位，桌子的寬度可以窄些；如果兩旁安排座位就應考慮提供更大的空間來呈放材料（見**圖7-5**）。

2.T型（見**圖7-6**）。

3.方框型和圓形：將主席台與與會者桌子連接在一起，形成方形

或圓形，中間留有空隙，椅子只安排在桌子外側。這種布置通常用於規格較高、與會者身分都較重要的國際會議及討論會等形式。這種會議人數一般不會很多，而且會議不具有談判性質。將會場布置成這種形式或直接使用橢圓形桌，與會者圍桌而坐，可表示彼此地位平等，避免出現席次上的爭擾（見圖7-7）。

（四）討論會型

用兩張長桌並列成長方形討論桌的形式，一般有方形、圓形和橢圓形幾種，多用於討論會，也可用於宴會等。若用於宴會，桌上一般要求有餐墊，椅子與餐墊接近。

（五）自助餐型

圓形的自助餐型的桌子布置多用於有關酒會與飲食結合在一起的會議。在中間的圓桌上可以放上鮮花或其他展示物。自助餐型還有很多的變化形狀，可根據具體場所和時間來安排（見圖7-8）。

（六）會見型

會見廳的布置，應根據參加會見的人數多少、客廳面積的形狀和大小來確定布置形式。人數在十幾個左右的會見，會見廳可用沙發或者扶手椅按馬蹄形、凹字形擺放。一般馬蹄形或者凹字形布置均用沙發，沙發後擺扶手椅供記錄員和口譯員就座。規模較大的會見，可以布置成會議型，即用桌子和扶手椅布置成丁字形。會見時如需要合影，應按會見的人數準備好照相機及配件，合影背景一般為屏風或掛圖（見圖7-9）。

（七）簽字儀式型

簽字廳的布置要求為：廳室正面掛有屏風式掛面作為照相背景，

在掛畫前面，將兩張長條桌並排擺放，桌面鋪深綠色桌布。在簽字台的後面，擺設兩把高靠背扶手椅，兩椅相距一‧五公尺，在椅子背後一‧二公尺處，根據人數多少擺上梯式照相腳架，照相架兩側陳設常青樹，在兩個座位前擺上待簽文本，右上方設置文具，中間的前方擺上掛有兩面國旗的旗架，簽字廳兩側可布置少量的沙發，供休息使用（見圖7-10）。

五、會議基本設施的布置

近來，幾乎所有的會議都與視聽展示相結合。經驗豐富的會議組織者清楚地知道需要什麼設備及所需設備的特點，而對視聽設備系統瞭解不深的會議組織者，有可能需要酒店會議服務人員提供幫助，所以每一個會議服務人員至少應熟悉視聽設備系統以提供這類服務或幫助籌劃者適當地使用它。當然，電腦、網路、視訊會議、ISDN、液晶顯示板、錄放影機和視訊電話現在都被加以使用。期望會議銷售和服務人員精通會議業務的各個方面是不現實的，但應熟悉基本情形和會議的需要。

（一）音響系統

音響系統是大多數會議室內所配有的視聽設備的一種。音響必須保證聲音逼真，所有與會者能聽清楚，麥克風架、音控台和音箱是會議室最基本的音響設備之一，高品質的擴音系統是辦好會議的關鍵，以保證演講者在使用時出現不應出現失真或發出尖鳴等現象，當音響設備和放映設備一起使用時，音響和螢幕應放在同一地點。研究發現，當聲音和影像來自同一方向時，容易增加人們的理解程度。

音響必須保證所有的觀眾都能聽清楚。要事先檢查室內音響系統的品質和可調性。音響系統通常能夠將講話聲音傳得足夠遠，但是，有時候音響也會出現問題，應提早解決所有可能發生的問題。將一個

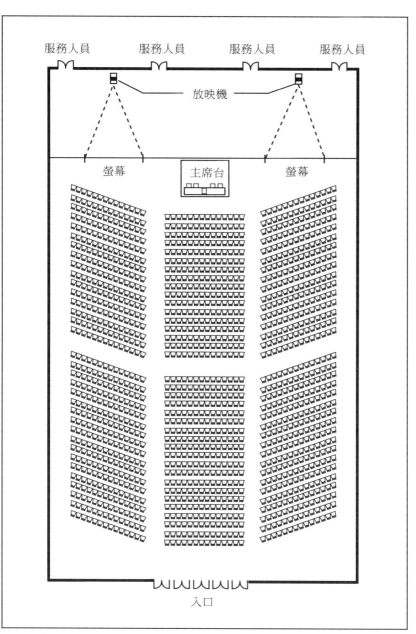

圖7-1 禮堂型（V型之一）

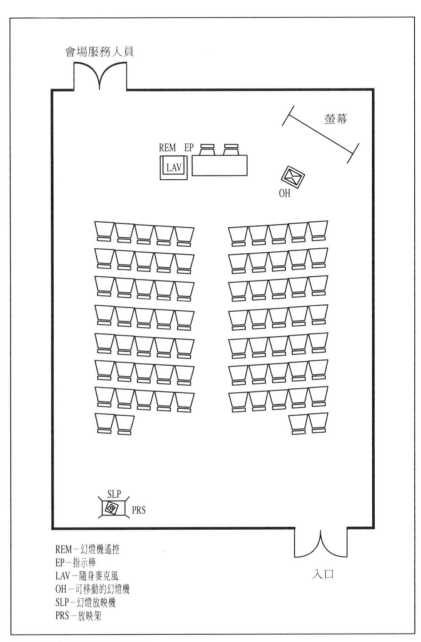

REM－幻燈機遙控
EP－指示棒
LAV－隨身麥克風
OH－可移動的幻燈機
SLP－幻燈放映機
PRS－放映架

圖7-1-1 禮堂型（Ｖ型之二）

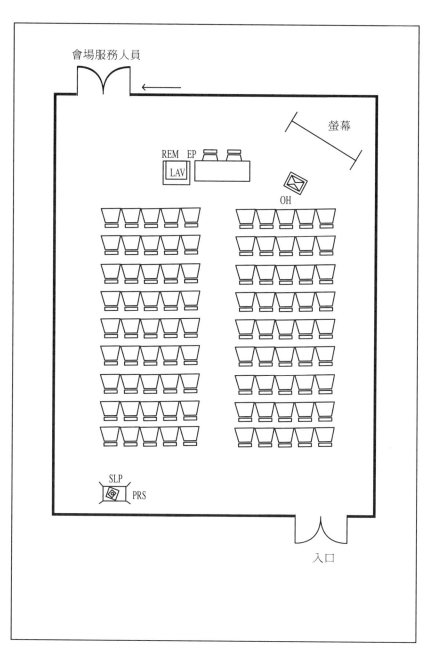

圖7-2 禮堂型（端正式）

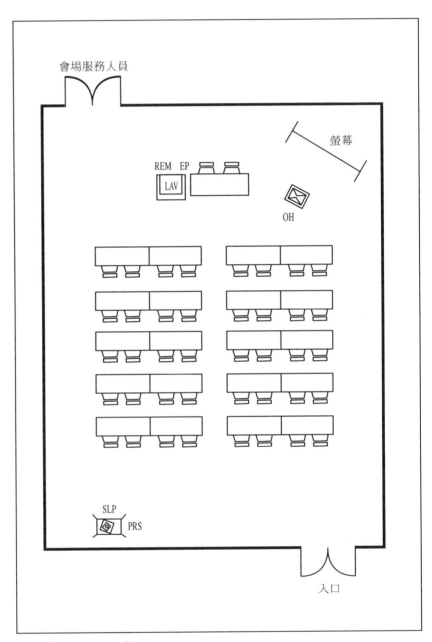

圖7-3 教室型（端正式）

酒店會議經營

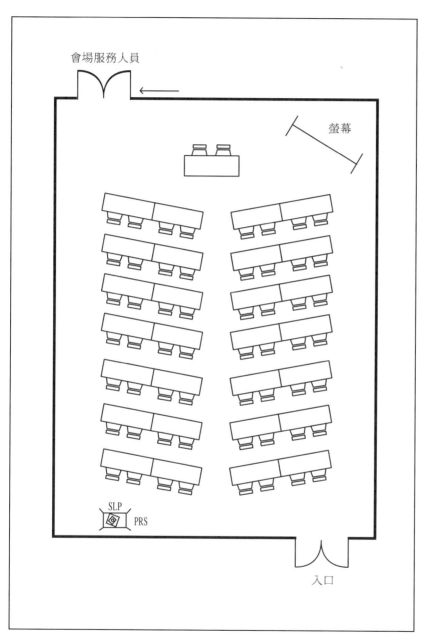

會場服務人員

螢幕

SLP PRS

入口

圖7-4 教室型（V型）

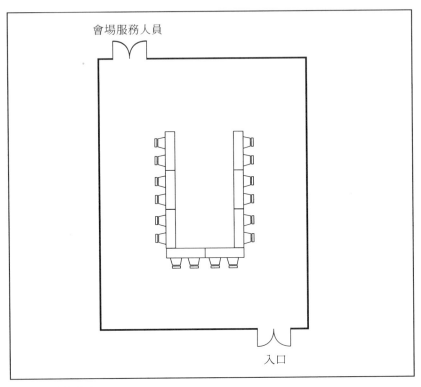

圖7-5 U型主席台

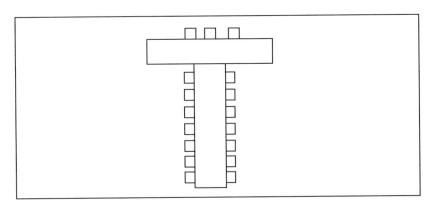

圖7-6 T型主席台

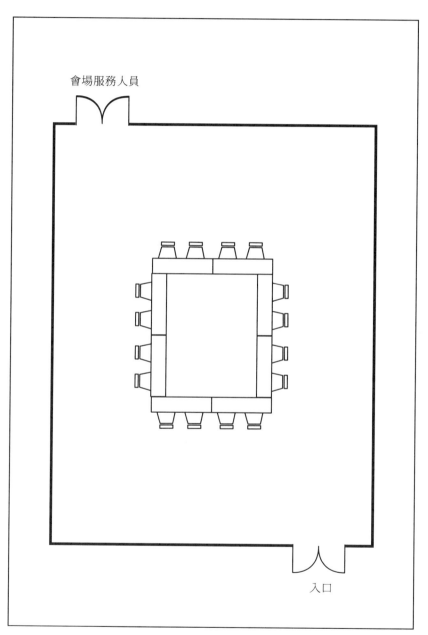

圖7-7 方框型主席台

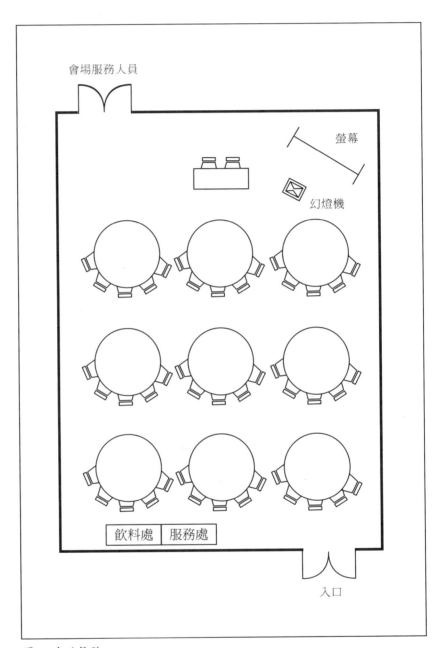

圖7-8 自助餐型

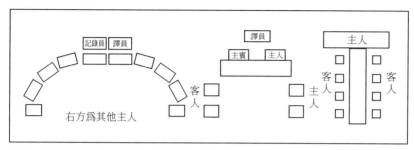

圖7-9 會見型

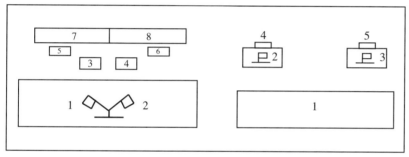

圖7-10 簽字儀式型

大廳分隔成若干小間的通風牆道通常不是太合適，因為這樣不能隔音，另外，要檢查室內有無死角（即不能像室內其他位置那樣聽清楚傳音的地方）。

　　如果活動室需要安置一個攜帶式音響系統的話，就要檢查一下音響的品質情況，傳音效果差的音響系統會對會議效果產生不利影響。下列是六種麥克風可供選擇：

1.迷你麥克風：這種麥克風需要圍繞在脖子上或夾在西服翻領上，演講人可以轉頭，如果有足夠長的引線，演講人還可以四處走動演講，而都不會影響聲音傳送。

2.手持麥克風：是一種傳統形式的擴音器，說話時麥克風必須距離嘴巴很近。

3.固定桌面麥克風：固定放在講桌上的麥克風，演講人演講時不能離開講桌，限制了演講人的行動。

4.桌面麥克風：將麥克風放在桌子上的架子上使用，一般在小組討論、幾位發言人坐下發言時使用。

5.落地式麥克風：這種麥克風放置在可伸縮的金屬架上，引線很長，使得演講人可以走動。

6.漫遊式麥克風：這是一種手持麥克風，電線可有可無。

迷你麥克風和手持麥克風可以是有線的，也可以是無線的。如果使用無線麥克風，應該在將要使用這種麥克風的房間裡仔細檢查並試驗其音響效果，因為使用無線麥克風，干擾是經常令人頭疼的問題。

對於初次、易緊張的演講者或不習慣在演講時離開麥克風走動的演講者，最好給他們配用迷你麥克風（夾在西服翻領上的麥克風）。

在會議期間一般要求安排專人分類處理事故或討論會上遇到的麻煩。所有使用的音響系統都應在會前布置和檢查好，並有備用的麥克風，以防設備的損壞。要瞭解會議組織是否配有專人來控制音響和管理視聽系統。

如果會議組織者要求在會議期間播放背景音樂，一方面應嚴格按順序準時播放；另一方面避免停頓，應保證不分散會議室與會者的注意力。

（二）其他視聽設備

1.講台：講台即演講人的講壇，可以放置文件和資料，並配有適當的照明。比較現代化的講台有供演講人調節照明和視聽裝置的控制器。會議室應配有桌式、立架式和其他一些配有音響系統的優

質講台。講台桌面應足以放置水杯和書寫文具筆、紙、粉筆和雷射筆，講台高度適中容易接近，走道要有一定照明，防止演講者被電纜和其他障礙物絆倒，講台的正面中央一般掛有該會議的名字和標誌以及酒店的名稱，這樣在新聞媒體報導尤其是電視轉播時便於向社會宣傳。

2. 桌椅

（1）桌子一般的標準高度為○‧六公尺，寬度應根據兩邊是否同時坐人來要求，如是一面坐人，則○‧三六公尺寬即可。○‧六公尺寬的方形桌子一般用來布置主席台，或者用來進行表演、展覽及其他。一‧二、一‧八、二‧四公尺長的桌子方便於各種組合形式。圓桌一般用於宴會，但也可以用於其他會議，如：討論會等。圓桌直徑有一‧二、一‧八、二‧四公尺的，布置時應以座位舒適為原則，一般一‧二公尺安排四～六人，一‧六公尺安排八～十人，一‧九公尺安排十～十二人。曲線型的桌子多用來布置自助餐等。桌面一般鋪有桌布。主席台桌、展覽桌和自助餐桌，有時需用圓釘、曲別針、塑膠夾等固定桌布。講台上一般有放置講稿的小台架，如：放在桌上稱為桌架、直接放在地板上稱為講稿架。講稿架上常組裝各種燈，同時保證講稿架上的燈接上電源，會議組織者在會議開始前要檢查這些設備。固定的講台有全部的視聽控制，這樣便於裝備更好的講稿架。大多數臨時的講稿架都是由桌架裝上音響系統再配上普通的燈裝配而成。

（2）椅子、扶手椅、折疊椅等各式各樣的椅子用在會議室，會議組織者根據會議情況來選擇椅子的高度和樣式，以便給與會者提供舒適的椅子來讓他們將精力集中在會議上。

3. 燈光：現代的會議室都具備調節燈光設施。與開／關鍵相比，

調節光線的裝置使得光線可在較大的範圍內調節。如果光線調節設置與會議室在一起並且操作方便是最好不過了。在老式酒店，面積很大的舞廳一般被分爲幾個小活動室，這樣的話，如果在一個活動室開會或進行其他活動，光線調節裝置可能是在其他某個活動間。燈光亮度應該調暗以便螢幕上的畫面能夠清晰，但也不能太暗否則觀眾無法記筆記了。室內燈光的調光器是會議室內必要的裝置，當人們做報告或演講時，可提供局部照明，以提高螢幕放映的可見度。記住：幕後放映機比幕前放映機能適應較強的光，但也需要更多的空間。經常被忽略的地方是講桌，在一個空間裡沒有足夠的燈光，台上發言人看筆記時會很困難。一般用舞台燈和聚光燈來突顯舞台上或講台上的某位演講人或發言人。在活動舉行之前應檢查一下燈光情況，並就設備的布置達成一致，以防需要做某些調整。儘管使用合適的燈光意味著要花好多錢和需要很多人手工作（尤其是燈光要求非常複雜時），但這對於活動的成功是一個非常關鍵的因素。

4. 螢幕：在會議室裡，配備各種螢幕是必要的。螢幕的選擇（如：幻燈機螢幕或放映螢幕）要經過專家指導，如：尺寸、裝置等，應根據鏡頭的焦距、放映機的距離來選擇螢幕的尺寸。螢幕掛在天花板或牆上的掛鉤上，使用起來方便並經濟，樣式像傳統的窗簾。三腳架式的螢幕，類似於牆式螢幕，由金屬材料製成。可固定三角架能放在會議室的任何地方，具有靈活、輕便、多功能的經濟特點，常用於小型會議。白色玻璃螢幕，平滑的白色硫質螢幕，寬度很大，可提供更大角度的穩定亮度。在座位與螢幕形成大角度的小廳室，這種螢幕很適用。銀金屬和透鏡狀的螢幕綜合了上面兩種類型的優點，提供了最大亮度的穩定游標。放置螢幕的位置、角度要合適，使演講人不

用離開講桌上的麥克風便能看見螢幕。螢幕的大小取決於房間的高度。舞廳的枝形吊燈架有時會阻礙投放的影像，影響到螢幕的大小和設置的角度。螢幕底部距離地面應該不少於一‧二二公尺。將螢幕放在伸縮桿上會給底部高度增加〇‧三～〇‧三八公尺，這樣更好，尤其是房間又長又窄時。因為在又長又窄的房間裡，坐在後面的人需要越過前面一排排腦袋才能看到螢幕，只有螢幕放置得足夠高時（放在伸縮桿上），後面的人才能看得清楚螢幕。

5. 幻燈機：幻燈機近年來有了很大的改進，倒置插入的幻燈片已逐漸被幻燈片盤所取代。只要將幻燈片正確放入幻燈片盤，就可以自動操作。不幸的是，不同廠家的幻燈機所使用的幻燈片盤不一樣，不能互換。會議室中最常用「柯達」牌幻燈機，除了更換燈泡外，基本不需要其他的維修和服務。備用的燈泡、保險絲和延長線應備齊。一般幻燈機型號是2×2毫米或35毫米。幻燈機可以兩台同時使用；有時可以用幻燈機配錄音帶播放，放音的節奏應與幻燈節奏一致。

6. 幕後投影機：幕後投影機放置於螢幕後面，從會議室的座位上是看不見它的。一般在螢幕後需要六‧一公尺的空間。雖然影像不如幕前放映機放得那麼清楚，但是會議室看上去很整潔，因為螢幕後所有的設備都看不見。而且，如果房間光線較亮的話，使用幕後放映機比使用幕前放映機更便於觀眾觀看螢幕。這是一種新的放映技術，放映螢幕半透明，放映機安放在光線較暗的後部。這種放映機的最大優點是所有設備都安放在觀眾看不到的地方，節省不少會場空間。

7. 電影放映機：電影放映機主要應考慮的是音響系統，音響應與影片配合。會議開始前檢查室內設施和視聽設備是否放置合理及能否正常使用。檢查方式有：

（1）螢幕：全體觀眾無論坐在室內的任何地方都能看到。

（2）放映機：是否備有燈泡和良好的布置。

（3）擴音器：是否在螢幕附近。

（4）電線：是否遠離走道而被隱藏著。

8. 投影機：投影機在教學中很普遍，在會議中也經常使用。投影機布置在演講桌旁，演講者邊講解邊在投影機上書寫，透過投影將內容投射到背後的螢幕上，這種投影機相對便宜。使用投影機不要與幻燈機混淆，幻燈機用幻燈影片，而投影機是用透明投影片。

9. 錄影機、閉路電視：許多觀眾可以離開會議室，到有接收裝置的地方收看電視錄影。錄影帶在培訓會議中廣泛使用，這是聲音與影像的一種結合體。它能將演講稿、事件等錄下聲音和影像，然後播放，並且可以重複播放。

10. 黑板夾紙板：最原始的黑板，在現在也有明顯的發展和改進。玻璃和塑膠取代了木板，顏色也不只是黑色的，粉筆也有改進，過去的教鞭，現在被雷射筆取代，具有可伸縮性，可折成鋼筆長短。夾紙板也是一種書寫展示文具，可將會前寫的資料掛在夾紙板上使用。多用於小型培訓會、研討會等。

11. 標誌與資訊通知：只有最簡單的會議是不要求標誌和告示的，因為與會者都熟悉環境。一般來說，會議組織者將要做很多工作來保證會議的一切順利，標誌便是其中一項基本工作。標誌在會議期間很有幫助，會議室應保證和便於與會者對標誌和指示的需要和辨識，避免會議期間出現不應有的慌亂和倉促行動。會議室內部的標誌給不熟悉環境的會議客人提供了方便，能幫助人們方便地進入會議室，並在不受干擾的情況下進入席位，此項工作應有專人負責。會議室要根據自己的規定和會議組織者的要求，建立資訊系統，將列印有關會議的文件送到每

一個會議代表的住處或工作單位。同時，每天的會議報紙、新聞稿、宣傳資料和其他通知應給予傳送。

12.會議譯音設備

（1）同步翻譯設備：在大型國際會議上，譯音設備是必不可少的。目前同步翻譯是國際上普遍採用的譯音方式。

同步翻譯所需設備有：

．紅外線譯音：這是由電聲轉為光再復原為電聲的一種較先進的譯音設備。它的工作過程是：由話筒輸入給主機，再由主機輸出給輻射器，輻射器的光照射在接收機，最後接收機經選擇送至耳機，供與會者收聽。這套設備保密性強，但過於笨重，不太適合流動使用。

．有線譯音：其傳播程序是：由話筒輸入到前級，再由前級輸送到功放機，然後由功放機送到接收機，由接收機輸出到耳機，供與會者收聽。這套設備也只適合固定會場使用。

．無線譯音：採用電磁感應的原理設計而成。其傳播程序為：由話筒輸入到主機，再由主機輸出到發射機，接收機通過天線接收放大，最後送到耳機供與會者收聽。這套設備具有體積小、重量輕、攜帶方便、安裝操作簡單等特點。

（2）會議譯音設備：不同形式的會議需要不同的譯音設備，應根據會議需要來選用。但在譯音設備使用時應注意：

．無論使用有線或無線譯音設備，首先必須接好線。

．使用有線譯音設備時，要注意即席話筒。由於連接時插接點易鬆動，因此一定要插好，以免出現無聲或雜音等故障。

．使用無線譯音設備需要注意發射天線需布置合理，與會

者與天線的距離一般不超過四公尺，防止雜音過大影響接收效果。

· 為保證會場譯音效果，最好設置翻譯隔音間。這樣可使翻譯與與會者互相不受干擾。

　　會議組織者應瞭解以上各種視聽設備及其用法。一般會議室應充分提供幻燈機、投影機、黑板等常見的視聽設備。如果配備不齊，應與會議服務中心或提供視聽設備的公司建立聯繫，在會議組織者需要時去租用。

13.移動舞台：木製的移動舞台，由高低大小不同的木塊組成，可拼接組合，用於需要將主席台突出的表彰大會或有藝術表演的會議、時裝展示會等。

六、會議附屬服務設施的布置

（一）衣帽間與衣服架

（二）飲料機與飲料供應

七、新興科技對會議設備的影響

　　二十一世紀是知識經濟時代，是科技創新時代，高科技、新技術給我們的生產和生活帶來了無限的驚喜和日新月異的變化，影響著世界的每一個角落。酒店業的繁榮發展和競爭能力的提高，將更大程度地依賴於高科技的革新和應用。會議設施也不例外。

（一）電腦和高速度資料介面

　　電腦和網路的廣泛使用，使我們可以看到這樣的情形：越來越多

的商務客人，跨地區、跨國參加會議，不再提著大包小包的文件出入會議廳，帶著自己的手提電腦到會議室找個插孔即可，甚至就帶幾張磁碟，到達會場後向酒店租借電腦，即可踏上「資訊高速公路」，隨意查詢會議相關資料，聯絡位於世界另一角落的總部或客戶。因此，酒店會議設施要適應這樣的潮流，就必須備有先進的電腦設備，安裝供上網的高速度資料介面。

京都信苑酒店內部就採用了世界先進的綜合布線系統，並將資料通信、語言通信、圖像通信納入綜合布線系統，爲客戶提供高速度資料介面，可爲客戶便捷地接入國際網路。

不過，電腦、通信設備淘汰率極快，會議廳設施要能隨時滿足客戶需求就必須不斷投入，追趕最新的科技潮流，不斷昇級更新。

（二）視訊電話會議系統

開發電腦、電視和電話功能，使之互相匹配，能同時傳輸聲音、資料和影像，這種聲音、資料、影像一體的通訊設備，就是視訊電話會議系統，即視訊會議。視訊會議是一種以傳送視覺資訊爲主的通信業務。其基本特徵是：可以在兩個或兩個以上即時傳遞點對點或一點對多點的活動圖像和聲音，還可以傳遞文件、圖表、照片和實物的眞實影像。它能將彼此相隔很遠的多個會議室連接起來，使各方與會人員不僅可以聽到聲音，還可看到圖像，可以「面對面」交談，適合於召開各種會議和現場交流。上海通貿大廈，是上海首座新標準甲級智慧建築，具備了先進的視訊電話會議系統和召開國際視訊會議的能力，酒店曾利用影視廳異地接收視訊電話的高新科技通訊手段和四國同步翻譯專業會議設施，以十一國視訊電話會議的方式，舉行了歐亞電纜系統開通儀式，出色地完成了一次東起中國上海、西至德國法蘭克福，全長約二萬七千公里，被稱爲「通信的絲綢之路」，是目前世界上最長的陸地電纜系統的開通儀式。北京香格里拉酒店是北京第一家

具備視訊電話會議系統的酒店。視訊會議與傳統的方法相比，會議電視系統具有省時、省錢、提高效率的良好效果，省去了參與人員的長途跋涉、舟車勞累之苦，同時省去了展示樣品長途攜運等麻煩。

（三）多媒體投影機

多媒體投影機是一種可與電腦連接，將電腦中的圖像或文字資料直接投影到螢幕上的儀器。其特點是：一、無須將電腦中的資料列印出來製成幻燈片、投影片，再使用幻燈機、投影機放大給會議觀眾看，從而做到節約成本、減少中間步驟，使用快捷。二、具有動感，可以透過電腦播放VCD／CD-ROM，透過錄影機放映錄影帶等。電腦中資料需要更改時，可使用電腦直接操作，如：書寫、畫圖、製表等，觀眾可以立即在螢幕上看見，對於需要強調的部分可透過在電腦上進行局部的字體放大，提示與會觀眾。三、多媒體投影機體積小，搬運、安裝、儲藏方便。

多媒體投影機的應用，已經可以替代傳統的幻燈機、投影機、白板、錄影機、VCD等，減少了酒店的投資，為客服務更為簡便。

但是，要使用多媒體投影機必須要有與之相配的投影螢幕和電腦設備。在會議開始前，一定要作好電腦的連接，與螢幕的距離測試，保證投影效果清晰、不變形。因投影螢幕的大小有限，多媒體投影機不能使用於大型會議。

（四）電視牆

電視螢幕牆成為一種新型的會議視聽設備，其高科技特點表現在其影像大且十分清晰、色彩鮮豔、聲音效果好、具有質感，而且由於科技的進步，製作水準不斷提高，電視牆由有縫變為無縫，體積超薄，重量減輕，外觀越來越優美，其功能也逐步增加，可連接電視、錄影機、攝影機、電腦、VCD機等。與多媒體投影機相比，電視牆放

映的影像巨大，適合大型會議，讓距離較遠的與會人員看得清楚，還能同步播放現場會議情況。

　　但它僅僅是一個擴大的電視螢幕，體積龐大，安裝和搬運不方便，一般酒店會議廳還沒有這種設備，只在客戶需要時，與電視機生產廠商聯繫租借。

（五）電子書寫白板和雷射筆

　　過去的白板書寫一頁需要擦一頁才能繼續，不但耽誤時間，而且想看前面寫了什麼都不可能。而電子書寫白板則利用現代科技技術，克服了傳統白板的缺點。它用電腦控制，寫完一頁後，按動電鈕，自動翻出新的一頁。想看前面的內容，可以倒退回來，非常方便。其形狀、大小與普通白板一樣，也有輪子可拉動。

　　雷射筆只有一隻香煙大小，是利用雷射原理製成的，可以發出紅色光點，投射到白板、螢幕或其他物件上，具備指示作用。它光束集中，投射距離可達一百公尺之遠，不阻擋視線，可以替代教鞭，讓使用者在會議廳移動的範圍大、靈活。但需要使用鈕扣電池。

（六）VCD／LCD／DVD機

　　用於放映光碟，取代錄影機。本身體積小，操作方便，播放的光碟小而薄，可壓縮大量圖文、聲音和影像資訊而且清晰、保真，製作成本也不貴，且比錄影帶便於攜帶。

8. 會議期間的服務

☐ 會議期間服務的準備

☐ 會議期間的服務

☐ 會議保密

☐ 會議安全保衛

會議期間服務的準備

一、會議期間服務

（一）彌補會議計畫中的疏漏

儘管會議首要強調計畫的周密，但因是會議工作的複雜性，往往使計畫會有疏漏之處，所以，酒店會議經理應與會議組織者隨時溝通，彌補疏漏，以保證服務順暢，會議圓滿完成。

（二）解決會議過程中出現的新問題

由於現代科技廣泛應用在會議執行過程裡，一方面會因設施操作熟練程度問題而出現機器故障；或與傳統會議形式有很大的差別，而讓與會者不適應會議過程可能會出現的突發性問題，另一方面，酒店有時不只是接待一個會議，所以會出現新的問題和矛盾。這都要求會議組織者與酒店會議經理協調解決。

會議組織人員和酒店會議服務人員在會議開始和會議期間要加強溝通，減少在會議過程中可能出現的突發性問題。

協調會議要求：

1. 酒店會議服務人員充分瞭解會議過程中的每個階段所需的服務工作，以至每個細節內容和要求。
2. 各部門的分工明確具體。每次會議前進行必要的布置和檢查。
3. 對變更事項進行及時的人員調整、內容更正。

記住，會議服務的工作95％靠的是溝通，5％是服務。

（三）完善服務，提高會議服務品質

會議服務與一般的酒店服務相較之下要專業、複雜許多。酒店會議服務人員不僅被要求熟悉各種會議設施的操作，而且還需瞭解會議議程及會議組織專業知識，才能夠提供專業化、規範化的完善服務。

二、會議期間服務的準備

（一）詳細瞭解會議協定

會議期間服務的內容需經過會議組織者與酒店雙方的協商確定。要使會議服務圓滿完成，首先要使每一個服務人員詳細瞭解所需提供服務的內容及標準。如：會議期間飲料服務的品牌、次數等要求。

（二）認真分析、周密準備

會議期間各項服務內容的落實，必須建立在瞭解的基礎上，認真分析、周密準備，對於特殊要求的會議還要提前演練。會議服務是一項綜合性很強的工作，會議服務人員不僅被要求要有很強的專業技能，而且要十分熟悉會議服務的完整過程，不斷在實際工作中提高自身的整體素質，成為會務工作的通才。

（三）明確分工、團結合作

會議服務不僅涉及的部門廣、與會者眾且工作量大，每個與會者都有各自的要務，這時明確分工就成為基本要求，使會議服務從「細處」入手，落實每項瑣碎的工作，同時，又要顧全大局、通力合作，做到滴水不漏，使各項服務工作在環節上能夠互相銜接、隨時補位。

會議期間的服務

一、禮儀服務與會議入場管理

會議管理是會議安全工作中極爲重要的一個環節。通常以會議簽到、票證管理等方式來控管非會議人員進入，與此同時，還應根據會議協定要求，或由酒店安排爲會議入場提供迎賓禮儀服務活動。尤其對具備重要身分的貴賓要提供迎賓簽到，引領到座位的服務。

（一）入場管理

大多數會議均要求進行入場登記。一方面便於掌控與會者出席人數及人員情況；另一方面限制非會議人員進入會場。

與會者在會議簽到處登記後得到某種證件，通常是會議代表證，上面印有簽到者姓名和參加某種會議的標誌，放置在塑膠卡中，持有者可以將它戴在外衣或者夾在口袋上；有些會議用黏性的證件，供一次性使用。另外還可獲得此次會場的資料。

比較複雜一點的證件就是印有登記者姓名和地址的全塑膠卡，尤其適合於展覽會使用。提供這種證件卡是爲了便於人員之間、會議之後或其他方面的相互聯繫。因爲多數會議會在會議期間訂很多新的合約，而新的合約會帶來新的業務，故加強會後的聯繫是必不可少的。

各種不同的證件卡在各地文具店都有供應。獲得這種資訊是會議組織者的工作，不過會議服務經理應爲會議組織者提供當地的有關資訊。這種證件卡應適合於放進外衣口袋，證件上方是代表姓名、單位，下方是會議名稱。不同的顏色便於會議組織協調，也便於加強保全工作，同時還便於酒店提供服務。每次會議入場，工作人員必須嚴

格驗證，防止無關人員或非本次會議人員進入會場。

證件管理對一般會議入場的控制是可行的，但是不容易掌握出席會議的眞實人數。

（二）票證管理

票證管理不僅適合於會議的餐飲服務，而且適合於會議入場管理。會議組織者提前將每次所用的票證發給與會者，在會議入場時，由會議組織者安排專人在會場門口收取票證。如果有遺失票證情況，應由會議組織者證實後給予補發。

有時候會議組織者在會議室門口安排票證領取，與會者憑證件取票入場。

票證管理工作比較複雜，經常需要多方面的協助。關於與會者餐飲方面票證的使用，將在第九章會議餐飲服務中提供詳細說明。票證管理最大優點在於能準確清點出席的人數。

（三）非控制性入場

有時候，一些會議僅憑徽章入場。有時會議爲所有的人開放，如：展覽會等。如遇這種情況，會議的服務和安全保衛工作就變得十分重要。需要組織力量保持會場秩序，保證會場暢通和展廳的安全等。

對於非控制入場的會議，所有資料等費用都應用現款支付。

二、錄音、錄影服務

絕大多數會議都要求有會議記錄。錄音、錄影是會議組織者要求在會議期間提供的基本服務內容之一。錄音、錄影服務一般酒店都有提供，但要注意以下幾點：

（一）錄音、錄影的品質

是會議組織者要求保證的內容。要求音控室提供高品質的錄音、錄影帶，並提供對機器檢查情況的服務。

（二）錄音、錄影帶的複製

酒店應根據自己的能力來做承諾，尤其對大量的複製要求要慎重對待。現代影音技術可提供VCD的燒錄。

（三）錄音、錄影帶的保密工作

酒店對錄音、錄影不要對與會者個人，只對會議組織者，除非另有協定。

三、會議期間飲料服務

會議期間飲料提供應與會議組織者協商。對持續時間較長的會議需要提供飲料服務，飲料服務應避免干擾會場秩序，在會場外提供咖啡、茶水或礦泉水，會議休息時間則提供咖啡和茶點。作為酒店服務人員應隨時保證免洗紙杯的供應，及咖啡、茶水、礦泉水機器的正常運作，並保證安全、充足的供應。

四、會議商務服務

（一）打字和複印

會議開始前大多數材料都是由會議組織者準備好，但會議中常有文件臨時需要列印和複印。會議服務專案中應向與會者提供各種類型的複印，並標明複印的規格和價格。另外，會議服務如能提供打字當然是最好的。如果沒有，應提供附近打字服務處的地址和電話。大多

數酒店商務中心都提供打字和複印等服務。

（二）電話服務

最常見的業務電話有長途電話，除按國家標準收取電話費外，還按當地批准的收費標準，收取手續費。

1. 直撥電話：在酒店和會議中心一般都有提供會議使用的國內、國際直撥電話，撥號順序依次為國際代碼、國家號碼、區域號碼、用戶電話。

   直撥國際電話時應注意以下幾項：

   （1）首先要檢查電話號碼是否準確，電話一旦接通，就開始計費，很多酒店都用電腦控制。

   （2）國家號碼是世界公認的國家代碼。

2. 分機電話：在酒店和會議中心，客人房間的分機電話一般都是可撥國際及國內長途的。一般先撥外線，然後按上面順序撥電話號碼，如果沒有外線，可經總機轉接。

   經總機轉接的電話應注意以下幾點：

   （1）叫號電話：按指定對方電話號碼的國際電話。通話之後開始付費。

   （2）叫人電話：按指定對方姓名的國際電話。在被指定的人接聽之後開始計費。

   （3）對方付費電話：由受話人付費的電話。當受話人同意之後，費用計算到受話人。

（三）傳真服務

傳真是利用電信技術，把照片、圖表或文字等按原樣從一方傳到另一方。目前傳真使用愈來愈廣泛，包括：急需的文件、合約、信函、稿件、圖表等。

傳眞要求使用相當於十六開的標準傳眞紙，用深色墨水書寫，字跡清晰正確。國內傳眞收費按頁計價。目前使用最普遍的是電話傳眞機，電話傳眞機是利用電話線路傳輸數位信號，使接收者獲得文字、圖像和傳眞資訊副本的通信方式，作爲新通信媒介和公共資訊網的一個重要組成部分，電話傳眞機在會議資訊聯絡系統中發揮著重大作用。

1. 電話傳眞機的用途：電話傳眞機有著許多其他通信方式所無法比擬的優點。其最大的特點是速度快。另外它可以顯示圖像。傳眞機省時省力，秘書人員無須離開辦公室便可收發公文，甚至可在無人情況下自動發收文件，而且它非常適用於文件、手稿、圖片及各種公文的傳遞。

2. 電話傳眞機的使用方法：傳眞機使用之前，可請專業人員輸入如：年、月、日、時、分、電話號碼、地址代碼、通信密碼等有關資料。

　（1）發送文件：首先接通電話，將原稿文字朝下放入文件盤，顯示板上指示燈亮。拿起話筒撥號，對方回答後按下傳眞鍵，此時發送指示燈亮，即可放好話筒。在發送過程中，只要發送指示燈亮，可隨時插入原稿。如對方機器處於自動接收狀態，在撥通電話後聽到傳眞聲音明顯變調時，只要按下傳眞鍵，對方即可收到文件。

　（2）接收文件：聽到電話鈴聲後，拿起話筒，如果對方要傳入文件，按下傳眞鍵即可，然後放好話筒，這時接收指示燈亮。無人時，可將選擇開關置於自動位置，接通電源後便可及時接收。

　（3）傳送後通話：在文件傳送過程中，任何一方想與對方通話，可按下電話預約鍵，發送結束後，對方機器也會發

聲，拿起話筒，按下此鍵，即可通話。聽到呼叫後十秒不回答，即取消預約。

（4）接收無人方的文件：發送方在離開前將文件放在原稿盤上按下發送接通鍵，當收方需要此文件時，可撥通電話，接收文件。

（5）交換文件：在發送文件過程中，按下接收開始鍵，即可以發完文件後接收對方文件，而無需重新撥號。

（6）複印原稿：在應急情況下，可以用傳真機複印少量文件。

（註：（4）、（5）條需在雙方機器內所存密碼相同的情況下完成。）

使用傳真機時需注意：發送多頁單張原稿時，其寬度必須一致；原稿上的訂書釘、別針必須取下；墨跡或漿糊未乾不能發送，以免卡住或損壞。

3.傳真系統的使用要求：

（1）電話傳真機是安裝在電話線路上的，其電信號碼極易被電子竊密技術竊取。因此，安裝於普通電話線路上的傳真機，不能用來發送機密文件，傳送機密文件的傳真機，必須安裝保密裝置。另外，還應建立傳真文件管理制度。

（2）傳送的文件應是急件或簡短的文件，對傳送量要加以控制，要建立必要的審批和管理制度。

（3）傳真文件不易長期保存，不能作為存檔使用。

（4）不要把傳真機當做影印機使用。

（5）傳真機應安裝在清潔陰涼處，避免潮濕和日曬，不得擅自拆卸。

（四）電報服務

通常電報有兩類：

1.普通電報：普通電報計費是加急電報的一半，各種電報計費通常以此為基礎。字數最低為七個，不足七個字一律按七個計算。發報時，按電信局印好的表格填寫即可，普通電報大約在六小時內送達。

2.加急電報：正文最低字數為七個字。發報時，按電信局印製的表格填寫，加急電報速度很快，一般在四小時內即可送達對方。

英文電報以十個字母為一個字，不及十個字母按一個字計算。發報國內、外電報方法如下：

1.發報國內電報的方法：電報是用數碼代替文字的快速通信方式、具有準確性高、保密性好、通信容量大的特點。

（1）詳細書寫收報人地址、姓名或收報單位名稱。如對方有電報掛號，可直接書寫電報掛號。

（2）普通電報六小時，加急電報四小時左右送達收報人。但普通電報夜間停止發報，如內容緊急，需夜間送達的，請使用「加急」業務。

（3）發往較邊遠鄉鎮以外地區的電報，因條件所限，傳到電報地點附近郵電局後，改按郵件遞送，一般需一至三天送達收報人。

（4）電報單的第一部分由郵局填寫，下半部分的上欄填寫收報人住址姓名，中間一行填寫收報地名所屬省市縣，下欄填寫電報內容。電報單的下邊一行填寫發報人姓名、住址、電話。填寫電報單字跡應清楚，字體要規範，內容要簡明，但不要使對方誤解。

2.發報國際電報的方法：發報國際電報應用英文填寫或用打字

機，打出書寫格式必須符合英文的電文格式習慣。

(1) 收報人姓名地址應詳細填寫，以確保投送無誤。

(2) 注意使用國際電報用的標準字母、數字和符號。

(3) 國際電報內容的書寫格式。

國際電報要求用英文打字機打出，完全使用大寫字母。書寫格式為：第一行寫收報人姓名，第二行寫收報人具體地址（書寫順序：門牌號、街名、市名），第三行寫國家名稱，然後另起一行寫電文，寫完後另起一行靠右側署名，在電報單的最後一行寫上發報人姓名地址。電報在國際上已不是高效率的通訊工具，應慎重選用。

（五）電腦服務

電腦作為新技術，正被國際、國內的會議商務客人廣泛使用，它具有使用方便、快速、可儲存訊息量大以及圖文處理精確等特點，逐漸替代打字機、傳真機的功能。

1.電腦提供會議服務的功能：

(1) 文字處理：與會客人帶有大量文件資料，需要及時更新或編輯，使用電腦進行文字處理，速度快，文字、圖表的字體、排版可有多項選擇，效果精美。

(2) 利用網際網路聯絡、查詢資訊。

(3) 傳真：直接將電腦中儲存的文件（可包括文件、合約、圖片、圖表、稿件等）傳送到對方傳真機上。電腦的這一功能與傳真機的用途相同，還減少了列印的環節，節省時間、紙張，但要求電腦配有相應的掃描機、傳真軟體等，才能使用。

(4) 展示作用：研討會、培訓會、產品展示會等，都可用電腦進行現場展示。

（5）閱讀CD-ROM、看VCD、聽CD，獲取更多的資訊。

（6）電玩遊戲。

2.電腦的使用常識：酒店商務中心都配有電腦和專業操作人員，與會者可以自己操作，也可以要求他們提供服務。要注意以下幾點：

（1）瞭解該電腦的型號、具備的功能，是否適合客人的需要。

（2）要詢問收費標準，因使用電腦的功能差別、時間的長短而收費不同。

（3）避免電腦病毒損壞文件。

（4）酒店對網際網路的使用通常根據時間計費，所以，客人要瞭解上網連接方式，選用最快捷的使用方法，在有效時間內獲取最多的資訊。

五、會議車輛安排

（一）會議車輛安排

1.會議車輛安排的幾種情況：

（1）接送演講者、官員及其他特別邀請的重要客人。

（2）（車站、機場）接站。

（3）到達或離開會場。

（4）旅行活動。

（5）採購用具和設備。

（6）安排特殊宴會和活動。

（7）另外，如有展覽會，而又與會場不在同一地舉行，還需安排來回接送參展人員。

2.車輛安排應考慮以下因素：

(1) 會場到車站、機場的距離。

(2) 飛機、火車到站時間。

(3) 交通尖峰時行車時間。

(4) 演講者或與會者到會場的距離。

（二）選擇出租汽車公司的因素

一般會議用車大多數是由會議主辦單位或聯辦單位提供，有些是由會議所在地的會議中心、大學等單位提供，這樣，一方面可減少會議成本，另外，能保證會議的有效服務。但大型會議往往車輛不夠安排，這就要向汽車公司租用部分車輛。租用車輛時應考慮選擇汽車公司的因素。

1.汽車公司的信譽：在瞭解汽車公司營業執照範圍、保險範圍基礎上，瞭解該公司是否認真負責、工作是否有效、服務方式是否靈活、收費是否合理以及公司的歷史等。這可以從相關會議或以往的印象中去瞭解。

2.車輛的種類和數量：汽車公司是否能保證有效車輛的種類或數量，以滿足會議的需要，如：接送與會者時，車輛應有行李廂及足夠的座位數等。

3.車輛的狀況：車輛是否有空調，能否保護所需車輛的潔淨安全，以及座位的舒適。

4.汽車司機：汽車公司司機的服務態度好壞、專業技能程度的高低以及他們在公司裡一貫的表現和影響都是我們需要瞭解的範圍。作為司機，還應該對會議服務感興趣，瞭解會議的一般日程。

5.租車費用：會議租車費用是作為成本控制因素之一。因此，會

議承辦單位事先應向會議組織者說明租車費用的付款方式。

　　6.特殊服務：會議承辦單位應瞭解汽車公司是否能提供一些特殊專案的服務，如：派車、監視行車路線、準備接站標誌等，根據會議組織者的需求提供相對應的服務。

　　對汽車公司瞭解之後，會議承辦單位必須與汽車公司進行協商，以確定用車時間、用車頻率及所需車輛的容量和種類，並明白汽車公司的服務方式和租車費用。

（三）會議車輛的收費

　　對與會者收費目前有以下幾種情況：

　　1.將本費用計算到登記費中：這種方法目前還不太多，個別會議中不用車的人，不願意支付費用。

　　2.與會者用車時支付：用車時，每位與會者各自購買車票，會議組織者必須保證車費只收其成本費，而無任何利潤。因此這種車費比市場價便宜許多。

　　3.車費計算到酒店房費中：對於那些在酒店飯店中舉行的會議，這是一種比較普遍的租車收費方式，也被多數與會者接受，但會議組織者必須明白瞭解房價和增加的交通費用。

　　4.為會議提供交通贊助：有些會議的贊助單位，免費為會議提供交通工具或接送服務。

（四）會議派車

　　根據會議日程安排，會議組織者將所掌握的車輛按要求為與會者進行派發。

　　1.汽車應提前十五至三十分鐘到達集合地點，等候與會者上車。

2.準備比較清楚、明顯的車輛標誌和上下車站牌。

3.如果遇有多個車輛同時使用，應讓每位與會者瞭解所乘車號及車型等。

4.如果有兩輛以上的車分別去不同地點，最好將乘車地點和時間事先通知與會者並在集合地點做明顯的標誌。

5.會議組織者要安排工作人員協助與會者有秩序地上下車，保證行車的方便和安全。協助人員要把汽車路線安排妥當，公布出發時間，並回答客人提出的有關問題和提供建議，如：注意安全、攜帶旅途所需用品等，與司機保持聯繫。

6.考慮影響會議團體到達或離開目的地的其他活動或因素。

六、會議票務服務

有效而經濟地安排與會者到達或離開會場，是一件非常重要的服務內容。票務服務主要是爲與會者離開會議所在地，或會議期間旅遊所提供的方便服務。

票務服務儘管很繁瑣，但對酒店會議經理來說是不需要花費太多成本的工作。會議服務經理可安排專人與航空公司、火車站或旅行社聯繫。

1.票務工作通常由具有航空公司或旅行社訂票經驗的人來完成。根據會議大小設置票務處，或由登記處、詢問處代辦。

2.票務服務首先要爲與會者提供準確無誤的車船航班時刻表，包括：離開或到達時間，便於與會者選擇交通工具和乘坐時間。

3.提供有關資訊服務：包括：車站、機場的位置，從會場到車站、機場和港口所需要的乘車時間以及車船航班的價格表、季節性的價格變動和有關手續費等的說明。

4.票券預訂：會議如果在一周以內完成，登記時應先訂好回程的

票；如果在一周以上，則提前三至六天訂票。訂票時，通常要求與會者填寫一份訂票表，訂票表內容包括訂票人姓名、性別、單位、所需交通工具種類、離開的日期和時間、航班或車次、座位種類、押金數額，另外還應包括所交證件名稱和編號以及所住的房間號和電話號碼等。隨著網路技術和電子商務的發展，網路訂票越來越方便，但以上資訊還是不可少。

七、會議醫療服務

與會者來自世界各地，常會因長途跋涉、氣候變化、水土不服、工作緊張等因素而出現身體不適等症狀，對於大型和超大型會議應建議會議組織者專設一名會議期間的醫務人員，同時要求與會者進行醫療保險，酒店應與當地醫院建立定點聯繫以即時為顧客提供服務。若酒店設有醫務室就能更完善地為賓客服務，而對於小型會議，應準備充足日常所需應急的藥品。

會務組或酒店要為與會者配備一些常用藥，如：防暑、避蚊和治療腸道傳染病以及傷風感冒、抗過敏、消炎等藥，如下：

1. 創可貼：消毒防腐，用於皮膚、黏膜的表皮小傷口。
2. 紫藥水：消毒殺菌，收斂，乾燥創面，用於皮膚、黏膜的感染及小面積表皮燒傷。
3. 繃帶：可用於塗藥、包紮、止血和固定。
4. 暈海寧：用於防治因暈車、暈船而引起的噁心、嘔吐、眩暈等。
5. 仁丹：適用於消化不良、暈車暈船、氣候悶熱等引起的噁心、嘔吐、頭暈等不適。
6. 撲爾敏：鎮靜、止吐，能消除各種過敏症狀。
7. 感冒藥：這種藥種類多，用來治療流行感冒等。

8.十滴水：芳香化濃和胃氣滯。可用於中暑、急性胃腸炎、腸痙攣等症狀的治療。

9.霍香正氣水（丸）：解表和中、理氣化濕。可治療風濕型感冒、氣性胃腸炎等。

10.痢特靈：對痢疾桿菌有抑制作用。

11.黃連素等常用的消炎藥：針對性地用於各種炎症。

會議保密

任何一個會議都不同程度地涉及到保密問題。因為需要透過會議來討論的事，就是有待於進一步協商而不宜公諸於眾的事，有關會議的內容就應確定一個被知曉的對象和範圍。

一、會議內容與密級

會議密級主要是根據會議內容的重要程度及會議內容的洩露對會議參與者單位利益的損害程度來劃分。會議的密級跟會議的時間有很重要的關係。儘管是高度機密會議，隨著時間的流逝，當會議內容的公布對會議單位的利益關係沒有什麼影響時，其密級也就自然無效了。一般來說，會議的密級必須按照國家保密法的規定，根據會議所討論的內容，參照文件的密級來作決定。

1.極密會議：會議主要內容涉及到與會者單位的有關能影響或改變其命運的重大方針、政策以及尖端技術等。一旦會議的內容洩露，就會使其組織利益遭到嚴重的損失。

2.機密會議：會議內容涉及到與會者單位或組織的基本利益。一

且會議內容洩露，會使其利益遭受較嚴重的損害。

3.秘密會議：會議內容涉及到與會者單位或組織的某種利益，一旦會議內容洩露，會使其組織遭受某種程度的損失。

二、制訂保密紀律

保密紀律是會議保密工作的行為規範和準則，所有與會者和會議工作人員都必須共同遵守。保密紀律的制訂有賴於以下工作的完成。

首先根據會議內容、議程和時間來預訂保密計畫，確定保密範圍和保密的各個環節；其次是建立保密制度，保密制度主要是制訂分工負責制，保證每個職位和環節都應有機密的保密責任，包括：值班制度、防範制度、文件用品的管理、轉送制度，審查和審批制度等。

按照中國傳統習慣，會議保密紀律主要包括以下內容：不該說的秘密絕對不能隨便說；不該看的文件絕對不能看；不該打聽的事絕對不能打聽；未經批准，不得裝置無線、有線擴音設備；未經批准，不准隨便向外洩露會議內容；不准隨便印製文件；不准隨便抄錄；不准隨便錄音或記錄；不經批准和授權，宣傳新聞部門不得將會議消息登報、廣播；不得在非指定的會場、房間閱讀會議保密文件；工作人員要堅守崗位，不准擅自離開會議場所和住所；不准在私人通信、電話、電報中涉及會議秘密；不得擅自攜帶會議秘密文件外出；未經批准，不得隨便會客。會議紀律是一項保密措施，只靠紀律的約束是不夠的，必須加強對與會人員的保密教育，使保密紀律建立在與會人員高度自覺的基礎上。

三、技術保密

會議保密工作必須適應新情勢，對技術保密應引起高度重視，並採取確實有效的保障措施防止漏洞，防止洩密的情況發生。

會議技術保密涉及的方面有：行動電話、有線電路保密、電腦保密。

1. 行動電話保密：現代通訊技術，尤其是行動電話的普及，使很多與會者能攜帶行動電話參加會議，這種方便的通信工具很容易把會議內容和會議進展情況洩露出去，為此，凡涉及到秘密內容的會議或不宜公開內容的會議，都不允許攜帶行動電話到會場。

2. 有線電路保密：有線電路是利用導線傳輸資訊，雖然它的保密性能優於無線電話，但仍存在不少洩密的可能，如：市內電話、長途電話、擴音、錄影等設備，使用不當都可能引起洩密，如：電話竊聽等，因此，作為較高密級的會議，會議期間對使用市內電話、長途電話要作出明確的規定。會議進行有線廣播，也要使用經過改造、沒有洩密可能的擴音設備。

3. 電腦保密：電腦現在進入辦公自動化時代，很多單位、組織、甚至個人都擁有電腦。電腦已成為現代會議不可缺少的工具。很多會議資料都儲存在電腦中，這種較現代化的工具也容易造成會議內容和資料洩露。所以，會議使用電腦時，要嚴格控制電腦的操作，加強對操作人員的管理。

四、文件保密

　　會議文件的保密，主要是指文件在印刷、傳送、發放、保存、閱讀、銷毀、存檔以及檢查等運轉過程中的保密，對於酒店來說，會議保密重點是要求服務人員不要翻看、閱讀會議文件，對房間、會議室垃圾的處理要慎重，只對垃圾桶裡的垃圾進行處理，不要動桌椅等上面有文字的記錄和資料，文件保密的核心還是要求會議組織者制訂嚴格的文件運轉制度，把握好文件運轉的各個環節。

首先，要把關會議文件的印刷階段。重要的高度保密的會議，一般不允許做記錄、不印發文件。有的保密會議需印發文件，必須在指定印刷廠印刷。閱讀密級較高的文件，要在指定的場所進行，不得帶出指定的場所，並要嚴格確定閱讀範圍，未經批准不得擅自擴大，用後迅速收回，不得複製、抄錄、帶走。對允許帶走的文件，也一定要採取保密措施，保證途中安全。

其次，要建立嚴格的登記管理制度，保證文件在運轉中的安全。從文件的製發、印刷傳遞、存放到文件的發放、保管、清退、銷毀、存檔等各個環節，都要指定專人負責，登記建帳，避免洩密。特別重要的文件，會議要設置專門的文件存放室或保密室，室內設置文件櫃或保密櫃並有專人看守，無關人員不得隨便入內。

第三，要加強對各個環節的檢查，隨時注意文件在各個運轉環節上出現的漏洞。檢查中應注意的事項是：文件在各個運轉環節中是否有誤傳、誤放的問題；是否有文件短時間脫手，不負責任地亂放的情況；是否有遺失漏頁的情況；會議會場是否有遺失文件的情況；清退文件是否有遺漏的地方；銷毀文件時是否有沒燒盡，或雖已燒盡，但紙灰仍有清晰可辨的字跡的情況等。

五、會場保密

會場保密工作也要慎重對待，選擇會場要經過充分的調查、瞭解並掌握會場內部和外部周圍的環境、情況。眾所周知的美國水門事件，就是因為水門酒店的會議室安裝了竊聽裝置。如必要，對會議現場要採取嚴格的保密措施，要在會場周圍設置必要的警衛，限制無關人員接近會場，注意發現各種可能造成洩密的情況。

六、新聞、宣傳報導的保密

新聞、宣傳報導也是容易洩密的一條途徑。在一些報刊、廣播、電視的新聞報導中，有時會有一些不被注意的秘密被無意中洩露出去。因此，對會議的報導一定要加強新聞報導的保密工作。首先，要嚴格挑選參加會議的新聞記者，並對他們進行保密教育。如果涉及重大秘密的會議，則一般不需新聞工作人員參加，由會議秘書部門直接發布新聞稿。其次，要嚴格審查新聞稿件，凡屬未公開的會議文件的內容，未經批准，不得公開發表和宣傳。會議報導涉及一些非用不可的絕密和機密的統計數字時，要用百分比表示，但不得將百分比與其中某一數字的絕對數或能推算出這一總數的其他絕對數混合使用。對一個會議做連續多方面的報導時，必須注意審查需要保密的內容是否在某一次報導時洩露出去。此外，要嚴禁拍攝會議文件及錄音報導。

會議安全保衛

會議安全保衛主要是指會議的安全保衛工作和展覽安全工作兩部分。

一、會議安全保衛

會議安全保衛工作主要是保證與會者的人身安全。會議安全保衛工作包括以下幾個環節：會前與車站、機場、碼頭等地保衛部門聯繫，做好與會者的接送工作；對貴客應安排詳細的接送時間、行車路線、休息場所等工作。酒店保全要做好住所、會場的安全保衛工作；

做好交通方面的工作，尤其是會議期間安排的外出參觀、旅遊等活動，應事前做好行車路線和旅遊景點勘查。會議安全保衛工作應細緻考慮到每一個環節，防止疏漏，並隨時作好突發事件的緊急處理事宜。

會議安全保衛工作，還包括生活方面的內容，如：飲食安全、財物安全、文化娛樂安全和各種用具、設備使用的安全等。飲食方面注意的重點是防止食品腐壞、變質等事件的發生；娛樂方面注意的重點是防止意外事故的發生，如：擁擠傷人、到險地遊玩等；財物方面注意的重點是與會人員攜帶的槍械、文件和大宗款項，會議保衛部門應提供代管代存服務，防止遺失情形的發生；用具和設備使用方面注意的重點是防止使用不當傷人，如：使用電器設備等。

二、展覽安全

附有展覽的會議存在著很多潛在的棘手問題，既增加會議承辦單位的困難，又增加其成本。這需要透過會議服務經理與保全人員的密切聯繫，相互合作和協調來提供必要的防範措施。

當有些展覽物品非常重要時，會議服務經理需請外面的保全給予幫助（這些額外的成本應計算到銷售價格中），或者由會議組織者自己負責聯繫。有關火警、警局的電話應提供給會議組織者。會議服務的保全人員必須經過基本的訓練，瞭解會議室的基本設施，才能提供必要的服務。現代會議室中的保全工作變得越來越複雜，一般以下列四個項目的保全最為關鍵：物品運送、展覽開放、展覽關閉以及運出。

當貨物搬運進出會議室時，有很多臨時工、不熟悉的工作人員進入展覽區。他們從電腦到參展品都可能隨手拿到。保全人員應對任何可疑的人注意，進行必要的盤查以防假冒工作人員進入會場。

在碼頭裝卸和貨車運輸過程中應加強基本的安全保衛。展覽品和

材料應在搬進或搬出時裝進「保險箱」，如沒有「保險箱」，應注意包裝完整，以防盜竊。

在會議和展覽期間，展室保衛由展覽者自己負責。在大型會議時，展覽者方面應有人值班。

對於特大型會議，出席的人數太多而讓保全工作不易執行，此時限制會議出席者是非常必要的。必須強調只有會議成員才能進入會場。會議徽章、證件用來限制進入會場人員。

另外，展廳的安全保衛還應注意防止會議服務和會議展覽者方面工作人員的盜竊，他們一般在取得管理者信任後再進行盜竊。大量調查顯示，這些人通常在撤卸展覽品時進行盜竊，因為在這個時候整個展室活動都需要保全人員。工作人員瞭解會議室內部的躲藏之處及沒有保全人員的出口等，所以內部盜竊常常得手。

盜賊一般在關閉展廳後進行行竊。展覽者常常因匆匆離去而忘記將貴重展品放進保險櫃中。現代展覽室多採用電子監視，這些裝置具有良好的作用，但成本很高，只有具很高價值的展品才使用現代的電子監視系統。

會議室保全人員的責任：

1. 幫助平息事端，利用語言威懾但又要避免引起其他人的注意和造成圍觀。
2. 觀察火警，保全人員應瞭解如何撲滅小火。
3. 報告事故，必須向會議辦公室報告所發生的事故（為保險用）。
4. 瞭解如何在受到炸彈威脅時告知客人而又不使他們驚慌。
5. 必須瞭解緊急出口，在發生緊急情況時指揮人們撤離。
6. 必須瞭解如何使驚慌失措的人群鎮定而聽從指揮。
7. 必須檢查裝卸區酒店財產和展覽財產是否被盜。
8. 必須具備基本的法律知識和熟悉有關法規。

9. 會議餐飲服務

□ 菜單計畫

□ 會議宴會酒水服務

□ 會議宴會廳的布置

□ 會議宴會服務

菜單計畫

餐飲消費是會議計畫中不可少的組成部分,會議與餐飲相結合常被稱為宴會,儘管人們對「宴會」一詞的概念理解有所不同,餐飲與會議相結合的形式是基本涵義。用餐形式的合理安排有利於促進整個會議的進程,有利於達到會議目標。會議期間的每一次宴會都為與會者提供互相認識和瞭解的機會,所以會議餐飲就成為會議期間人們交往不可缺少的活動。這就要求酒店餐飲部門每一次都要投入較大精力來創造宴會主題,增強與會者相互瞭解。酒店對如:餐廳的選用、場面氣氛的控制、時間節奏的掌握、空間布局的安排、音樂的烘托、餐桌的擺放、檯面的布置、餐具的配套、菜餚的搭配、菜餚的命名、服務員的服飾等都要緊緊圍繞宴會主題來進行。同時會議組織者在策劃用餐形式時從會議自助餐到大型宴會都必須考慮最初的預算。經驗豐富的會議組織者在同酒店洽談中會注意到餐飲服務的每一個環節,甚至包括選擇菜單的定價。

一、 會議宴會預訂

會議餐飲一般在會議合約中就作了詳細的說明。然而,一個會議期間可能會採用多種宴會形式,而且用餐標準也不相同,這就需要會議組織者在向酒店預訂宴會時應提供以下內容:

宴會主辦單位:宴會主辦單位負責人頭銜、地址、電話;宴會類型:宴會日期及宴會開始、結束時間;出席人數(一般要求在規定最少時間內,一般二十四〜四十八小時前最後確定)。付費方式:預訂金額;價格即宴會各項費用開支和總計數額。宴會形式及餐廳布置、宴會功能表、預訂人姓名、合約類型、備註、預訂日期。會議因宴會活

動內容不同對預訂要求不同，下面是幾種常見的宴會預訂單：

（一）一般會議的宴會預訂

一般會議的宴會預訂單可參見如下：

宴會預訂單			
宴會日期		時間	
聯繫人姓名		電話	
主辦宴會單位		地址	
人數或桌數		每人（台）標準	
有何忌食			
宴會廳要求			
付款方式		預訂金	
處理情況			
預定日期		承辦人	

（二）對會議主席台有布置要求的宴會預訂單

這種宴會預訂單是針對會議對主席台的要求而特別設計的，其內容一般比較複雜，要求記載的內容較多，其具體設計可以參照以下表表格進行。

宴會預訂單			
預訂日期		預訂人姓名	
地址		傳眞、電話	
單位		酒店房號	
宴會名稱		宴會類別	
預計人數		最低人桌數	
宴會費用標準		食品每人平均費用	
		酒水每人平均費用	
具體要求	宴會菜單		酒水
	宴會布置		
確認簽字		結帳方式	預收訂金
處理			承辦人

（三）綜合型宴會活動預訂單

綜合型宴會是指大型會議以餐飲形式展開多種交流活動的宴會，由於綜合型宴會一般規模較大，牽涉面很廣，不易組織協調，爲此，這種宴會的預訂單內容應該更加詳細具體。預訂單形式如下：

宴會預訂單

編號_____

宴會名稱：_____

地址：_____

電話號碼：（辦公室）_____（住所）：_____

預訂者：_____ 酒店聯絡：_____

日期：_____ 宴請時間：由_____ 至_____

宴會類別：_____ 宴會場地：_____

菜單價格：_____ 飲料價格：_____

預計人數：_____ 最低人數：_____

訂金：_____ 其他費用：_____ 租金：_____

結帳方式：_____ 注意事項：_____

預訂單發送日期：_____ 發送人：_____

菜單與臨時酒吧：	宴會廳布置：
	宴會指示牌：
	台型擺放：
	花草：
	工程裝潢：
	宴請設備要求：

簽到台	演講台	麥克風	黑板
文具	會議桌	攝影機	電視
錄影機	幻燈機	投影機	螢幕
燈光	表演台	舞池	音響·
插花	攝影師	指示板	

發送部門：

——客務部	——房務部	——廚房
——總機	——餐飲部經理	——行李部
——總經理室	——安全部	——公關部
——財務部	——餐飲部	——採購部
——工程部	——酒吧	——宴會部

（四）會議型宴會活動預訂單

會議型宴會活動預訂單是專門為召開會議的同時舉辦宴請活動而設計的。一般來說，大型會議都有一、二次宴請活動，這種宴請活動規模大、人數多，有時還有特殊領導或知名人士參加，對會議貴賓往往還要設專門的貴賓宴會席。因此，設計專門的會議宴會預訂單非常重要。宴會訂單形式可參見如下：

宴會預訂單

編號：＿＿＿＿＿＿

宴會名稱：＿＿＿＿＿＿＿＿＿＿＿＿＿＿＿＿＿＿＿＿＿＿＿＿＿

聯絡人姓名：＿＿＿＿＿＿＿＿ 電話號碼：＿＿＿＿＿＿＿ 地址：＿＿＿＿＿＿＿

公司（單位）名稱：＿＿＿＿＿＿＿＿＿＿＿＿＿＿＿＿＿＿＿＿

舉辦日期：＿＿＿＿＿ 星期：＿＿＿＿＿ 時間：＿＿＿＿＿時至＿＿＿＿時

宴會形式：＿＿＿＿＿＿＿＿＿＿ 收費標準：＿＿＿＿＿元／桌元／人

收費方式：＿＿＿＿＿＿＿＿＿＿ 其他費用：＿＿＿＿＿＿＿＿＿

人數：＿＿＿＿＿＿＿＿＿＿＿＿ 台型設計：＿＿＿＿＿＿＿＿＿

保證人數：＿＿＿＿＿＿＿＿＿＿ ＿＿＿＿＿＿＿＿＿＿＿＿＿

餐台數：＿＿＿＿＿＿＿＿＿＿＿ ＿＿＿＿＿＿＿＿＿＿＿＿＿

飲料要求：＿＿＿＿＿＿＿＿＿＿ 菜單：＿＿＿＿＿＿＿＿＿＿

＿＿＿＿＿＿＿＿＿＿＿＿＿＿＿ ＿＿＿＿＿＿＿＿＿＿＿＿＿

＿＿＿＿＿＿＿＿＿＿＿＿＿＿＿ ＿＿＿＿＿＿＿＿＿＿＿＿＿

一般要求

菜單：＿＿＿＿＿＿＿＿ 名片：＿＿＿＿＿＿＿＿ 席位表：＿＿＿＿＿＿＿＿

會議用具：

投影機：＿＿＿＿＿＿＿ 幻燈機：＿＿＿＿＿＿＿ 放映機：＿＿＿＿＿＿＿

螢幕：＿＿＿＿＿＿＿＿ 翻圖板：＿＿＿＿＿＿＿ 白板：＿＿＿＿＿＿＿

講台：＿＿＿＿＿＿＿＿ 鉛筆／鋼筆／記事本：＿＿＿＿＿＿＿＿＿＿

布幅：＿＿＿＿＿＿＿＿ 錄影設備：＿＿＿＿＿＿＿ 擴音機：＿＿＿＿＿＿

接待台：＿＿＿＿＿＿＿

```
┌─────────────────────────────────────────────────────────────┐
│ 娛樂設施                                                       │
│ 鮮花：_____  舞台：_____  聚光燈：_____ │
│ 照相：_____ 卷    麻將：_____台              │
│ 備註：_____ │
│      _____ │
│ 訂金：_____                                        │
│ 接洽人：_____        核准人：_____   │
│ 日期：_____          日期：_____  │
└─────────────────────────────────────────────────────────────┘
```

　　如果會議組織者和酒店達成一致意見後，雙方應簽定比較詳細的合約，以避免各種糾紛。

二、會議菜單設計

　　現代酒店越來越重視會議的餐飲消費安排，一方面它是酒店收入的重要來源；另一方面可透過宴會的服務使會議安排達到高潮，從而表現酒店的服務水準。菜單是宴會服務的基礎，會議宴會菜單不只要求菜餚豐盛，講究色、香、味、形，更重要的是考慮宴會中菜餚的營養搭配，講究簡單自然，經濟實惠。宴會菜單設計得合理，能使宴會服務做到既能給與會者生理上的滿足，又能給精神上的享受。宴會菜單是宴會服務的核心，在宴會服務中起重要作用。宴會菜單不僅規定了菜餚的原料，而且考慮了宴會所採用的服務方式。

　　會議菜單要求會議組織者在酒店會議服務經理的協調下與酒店餐飲部經理、廚師共同設計。這樣，既能考慮到與會者需要，又能考慮到現實的條件並能充分發揮廚師的想像力和創造力。一個完美的菜單是令人難忘的，會給客人留下深刻印象。

　　酒店餐飲部經理瞭解新菜的烹調方法，會議服務經理熟悉會議服務要求，他們是會議宴會設計的專家，作為會議組織者，只需要把會

議團體的資訊和目的提供給他們，而不是支配，讓餐飲部經理和廚師能創造性地設計會議宴會。會議組織者還應掌握與會者的偏好、宴會的目的、酒店餐飲設施條件以及會議預算等因素。

會議菜單設計具體應注意以下幾點：

1. 菜品應新鮮，無論從外觀還是口味上都能吸引客人。
2. 菜單設計應考慮民族習俗（地域差別）。因與會者來自不同地區、不同民族，其生活習慣差別較大。外地的與會者都希望能品嘗到當地的特色菜，因此酒店應為與會者提供當地時令食品和特色食品，但應考慮到民族習慣和忌諱。
3. 每一次宴會都考慮口味的協調，一種菜不要在同一宴會餐中重複出現，另外還應考慮辣、酸、鹹、甜、軟和硬的平衡，確保品味與質地的完善。
4. 會議菜單還應考慮避免同一菜品連續兩天的出現，避免同道菜在午餐和晚餐中重複。另外，在烹調方法和宴會形式上應靈活（如：自助餐和餐桌服務形式）。
5. 考慮食品的營養結構，提供高熱量、低脂肪、維生素豐富的菜品。
6. 根據客人要求的菜單提供對應的服務方式。如果午餐是速食就不要選擇那些要求餐桌服務的菜品。當客人疲倦和要外出旅遊時，一般不要安排正式盛大的宴會。
7. 如果會議團體成員較多，設計菜單時應考慮烹調時間、保溫和服務準備時間。
8. 菜單設計應考慮顏色、口味、搭配和服務方式的組合。
9. 要注意菜單的裝飾效果與紀念意義。一份外型設計精美、富有特色的菜單，放置在宴會桌上，能產生畫龍點睛的作用，為宴席、菜品增色不少，如有與會客人喜歡，可拿走留作紀念，十分有意義，對酒店來講，也是一種廣告宣傳。如：舉辦國際性

的會議，用中式宴會時，可將菜單寫在中國傳統灑金摺扇或竹筒上，配以絲帶，古色古香，菜單裝飾與菜式相互輝映，極富特色，一定讓外國客人讚不絕口，加以珍藏。

10.注意菜餚成本與銷售價格的相互協調，即中高低成本菜餚的相互搭配，做到客人對菜品和價格的雙重滿意，而酒店又保持了一定的利潤。

三、會議菜單與營養

瞭解團體客人的口味，應從他們以往的消費記錄或透過一些基本調查得到。這樣能提供適合於顧客口味的食品。在注重人們的口味和飲食習慣的同時，應注重食品的營養成分，及對會議的影響。

1.早餐：人們在早餐後，還要參加會議，最好減少食品的選擇性，爲與會者提供高熱量低脂肪的食品。在國際會議中比較流行的是咖啡、牛奶、果汁、蛋製品、香腸、培根及麵包片等食品。這種早餐不需太長烹飪時間。

2.午餐：爲使午餐後的會議更有效率，避免與會者在會間打瞌睡，最好是讓午餐保持清淡。清淡食品是現在人們飲食口味變化的趨勢，午餐可多提供蔬菜、水果、清淡海鮮等。午餐期間很少提供酒精飲料。另外，午餐用餐可採用方便的自助餐服務方式。

3.晚餐：如果晚餐後還有會議，菜品的安排應與午餐一樣，提供高蛋白、低脂肪、較爲清淡的食品。如果晚間沒有會議，可以給與會者安排一桌精緻的菜餚。很多晚餐，常把娛樂作爲宴會的一部分，即夜間娛樂消遣及與會者品嘗當地風味食品，欣賞當地文化風情相結合。

4.招待宴會：根據會議活動需要有時安排具有招待性質的宴會或

酒會。根據會議日程需要有時安排在開會的第二天中午,有時
與晚餐結合在一起。這就需要根據情況來選擇不同營養食品。
如與晚餐結合在一起,通常應選擇高脂肪、高蛋白、高碳水化
合物、維生素豐富的食品。招待宴會,通常分為以下幾類:

(1) 歡迎招待(接待)會:是為接待剛抵達的客人,所以食品
　　應清淡。這種招待會目的是為客人提供一個相識的機會,
　　食品用量是次要的。

(2) 普通招待會:這種招待會通常和晚會結合在一起,要求在
　　食品上有很大的選擇性,冷熱小吃食品齊全,菜色多樣。

(3) 官方招待會:圍繞會議主題的活動,常伴有娛樂項目。這
　　種招待會能替代晚餐。

正式會議宴會常以有計畫發言和正規的典禮為特徵。

在設計會議菜單中,與會者比以往任何時候都注意營養。

四、會議菜單的編制

會議服務經理及酒店餐飲部相關人員,在經過多方面的認真研
究,要為宴會精心設計和製作富有該會議專用的特色菜單。

(一) 食品菜餚的分類與安排

中餐菜單的菜餚一般是按冷菜類、肉類、海鮮類、蔬菜類、湯
類、主食類、甜品類以及水果類來安排的。

西餐菜單的菜餚一般按照進餐的前後順序來排列:開胃菜、湯
類、沙拉類、魚類、肉類、甜點類、三明治類、飲料類。

(二) 菜單的規格和字體

菜單的尺寸要與餐桌、菜式的種類相配合。一般來說,一頁紙上

的字與空白占50％爲最佳。字過多使人眼花撩亂，空白過多則會給人
種類稀少的感覺，菜單上的字體不宜太小，要使客人能在宴會廳的燈
光下閱讀最好。現代電腦及彩色印表機能提供一頁紙的專用菜單。

（三）菜單的設計

　　菜單的樣式、顏色要和會議的特色、氣氛相配合，與宴會廳的陳
設、布置、餐具及服務員的裝扮構成一體，使客人有參加一流宴會的
感覺。（下圖表爲：會議套餐菜單範例）

會議套餐
中式套餐

Assorted Appetizers
什錦開胃菜
*****

Thick Sweet Corn Soup with Fish Maw
粟米魚肚羹
*****

Deep-fried Seafood and Salad Rolls
沙拉海鮮卷
*****

Steamed Sliced Pork with Preserved Vegetables
梅干扣肉
*****

Sauteed Sliced Beef with Chili and Black Bean Sauce
豉椒炒牛肉
*****

Sauteed Straw Mushrooms with Vegetables
鮮菇扒芥膽
*****

Braised Bean Curd with Hot Sauce
麻婆豆腐
*****

Deep-fried Carp
油浸生魚片
*****

Steamed Rice
絲苗白飯
*****

Chinese Dessert
甜品
*****

```
┌─────────────┐
│  會議套餐    │
│  自助午餐    │
└─────────────┘
```

Sandwiches：Smoked Salmon in Whole Wheat Croissant   醃鮭魚牛角麵包
三明治   Roast Chicken on French Bread   燒雞法國麵包
            Ham and Tomato on Foccahia Bread   番茄火腿義大利麵包

                         ******

Salads：   Cherry Tomatoes,Romaine Lettuce,   櫻桃番茄，羅文生菜
沙拉   Seafood with Mixed Fruit Salad,   海鮮水果沙拉
            Green Bean Salad,Kernal Corn Maryland   邊豆沙拉，粟米瑪利蓮
            （Sarved with 4 kinds of Dressing）   （配四種醬汁）

                         ******

Soup：   Chicken and Mushroom Soup   雞肉蘑菇奶油湯
湯類
                         ******

Hot：   Baked Ling Fish on Spinach with   牛油焗青衣番茄牛油汁
熱食   Tomato Butter Sauce
            Grillded Beef Medallion with Red Wine Sauce 牛肉免翁紅酒汁
            Sauteed Shredded Chicked with Celery   西芹炒雞柳
            Stir-fried Rice Noodli with Seafood   海鮮沙河粉
            Braised Mushroom with Garden Greens   草菇扒青蔬
            Spaghetti Carbonana   煙肉火腿義大利麵

                         ******

Desserts： Selection of Fine Cakes   蛋糕
甜點   Caramel Custard   焦糖蛋糕
            Chocolate Mousse   巧克力慕斯
            Sliced Tropical Fruit Sliced   熱帶水果盤

                         ******

                    Coffee or Tea
```
```

會議宴會酒水服務

一、酒水與菜餚的搭配

敬酒、祝酒、乾杯是宴會中不可缺少的禮儀，並且可增加熱烈的氣氛。不論是以酒佐食還是以食助飲，其基本原則是：進餐者或飲酒者應從中獲得快樂和藝術享受。首先，酒精含量過高的酒品對人體有較大的刺激，如果進餐時過量飲用，會使胃肝臟來不及消化吸收，從而使肌體產生不同程度的中毒現象，使胃口驟減，對菜品的味覺遲鈍。有的烈酒太辛辣，使人飲後食不知味，進而喧賓奪主，失去了佐助的作用。因而在進餐過程中豪飲烈酒或乾杯、勸飲、爭飲等作法，是不太科學的。另外，配製酒、藥酒、雞尾酒的成分比較複雜，香氣和口味往往比較濃烈馥郁，這一類酒在佐食時對菜餚食品的風味和風格的表現有相當的干擾，一般不作為佐助酒品飲用。還有，甜味酒品，單飲時具有適口之感，但作為佐助酒品，便顯得不太協調。甜味與鹹味（菜餚的主導口味）相互衝突，而兩味的主要感受部位都集中在舌尖，從而使味覺產生混亂，因此，甜酒一般在餐後飲用而不用作佐助飲品。

酒水與菜餚搭配的好，不僅使客人吃喝相得益彰，而且使身心得到愉悅。

法國人更講究酒菜的搭配，有時簡直走向「捨此寧可不食」的地步，如：法國名菜「生食牡蠣」，不用「夏布麗葡萄酒」則認為是不可思議的事情。

具體到設計宴會時，酒水與菜餚的配合。前人的經驗固然有道理，不可不繼承；當地的風俗固然有形成的原因，不可不遵守，但隨

著科學文化的不斷發展和人民生活水準的提高，酒水與菜餚的搭配藝術也應在實踐中不斷發展和完善。

酒水與菜餚的搭配的基本原理包括以下幾個方面：

（一）有助於充分表現菜餚色香味等風格

人之所以習慣於在進餐時配飲酒，就是因爲許多酒品具有開胃、增進食欲、促進消化等功能。菜餚與酒品配飲得當，能夠充分表現和加強菜餚的色、香、味，如：西餐講究「白酒配白肉，紅酒配紅肉」，比較清淡的雞肉、海鮮，適宜配飲淡雅的白葡萄酒，兩者輝映，互增潔白晶瑩的特色；而厚重的牛肉、羊肉，適宜配飲濃郁的紅葡萄酒，相互映襯，更顯濃郁、香馥的風格。

（二）飲用後不抑制人的食欲和人體的消化功能

有些酒飲後能夠抑制人的食欲，如：啤酒和烈酒，還有一些酒品能夠抑制人體的消化功能，如：部分藥酒和配製酒，這類飲品都不適宜做佐餐酒。

（三）佐食酒以佐爲主

佐，即佐助，處於輔助地位。因而配餐的佐食酒品不能喧賓奪主，搶去菜餚的風頭。在口味上不應該比菜餚更濃烈或甜濃；在用量上以適量爲宜，「海量」、「豪飲」都是不可取的，否則，只能是食不知味，畫蛇添足。

（四）風味對等、對稱、和諧

1. 色味淡雅的酒應配色清淡、香氣高雅、口味純正的菜餚。如：甘白葡萄酒配海鮮，鮮美可口，恰到好處。
2. 色味濃郁的酒應配色調豔、香氣馥、口味雜的菜餚。如：紅葡

萄酒宜配牛肉菜，酒純餚香，口味投合。

3.鹹鮮味的菜餚應配甘烈酒。

4.甜香味的菜餚應配甜型酒。

5.香辣味的菜餚則應選用濃香型酒。

6.中餐儘可能選用中國酒，在難以定奪時，則選用中性酒類，如：葡萄酒，或視用餐者本人的意見而定。

（五）酒水與菜餚搭配應讓客人接受和滿意

除上述原則外，使客人接受和讓客人滿意也是一項非常重要的原則，所有的搭配原則最終要遵從客人的意願。

宴會中酒水與菜餚搭配還應考慮會議活動的安排，如宴會後還有會議就應少飲酒或不飲酒；如果沒有會議和其他活動安排就可以按上述原則來安排酒水與菜餚搭配。

二、酒水之間的搭配

酒與酒之間的搭配也有一定的規律可循，其複雜程度相對於酒與菜之間的搭配要少些。人們普遍認為，酒席間或宴會上如果備有多種酒品，一般的搭配方法參考如下：

1.酒精含量低度酒在先，高度酒在後。

2.清淡飲料在先，風味飲料在後。

3.有汽酒在先，無汽酒在後。

4.新酒在先，陳酒在後。

5.淡雅風格的酒在先，濃郁風格的酒在後。

6.普通酒在先，名貴酒在後。

7.甘烈酒在先，甘甜酒在後。按照歐美人的飲食習慣，在進餐的結尾才吃甜食，因為「甜」的味覺會影響到品嘗別的菜餚。所

以，喝酒時，他們也往往把甜酒排在最後飲用。如果甘甜酒在
先，甘烈酒在後，則會染上「甜」味的痕跡。

8. 白葡萄酒在先，紅葡萄酒在後（甜型白葡萄酒例外）。

　　這樣的處理，是為了使多種用酒中的每一種酒都能充分發揮作
用。凡此種種，都是按照先抑後揚的藝術思想設計的，目的在於使宴
會由低潮逐步走向高潮，在完美中結束。

三、酒品的服務溫度

1. 白酒：中國白酒講究「燙酒」。普通的白酒用熱水「燙」至20～
   25℃時給客人服務，可以去酒中的寒氣。但非常名貴的酒品
   如：茅台、汾酒則一般不燙酒，目的是保持其原「氣」。西方烈
   性酒在客人要求下可以加冰塊服務，其餘的情況是室溫下淨
   飲。

2. 黃酒：中國黃酒服務時應溫燙至25℃左右。

3. 啤酒：普通啤酒的最佳飲用溫度是6～10℃，所以服務前應略微
   冰鎮一下，但應注意的是不能鎮得太涼，因啤酒中含有豐富的
   蛋白質，在4度以下會結成沈澱，影響感官。

4. 白葡萄酒：不論哪種白葡萄酒，都應冷卻後飲用，味清淡者溫
   度可略高，在10℃；味甜者冷凍至8℃為宜。另外，由於白葡萄
   酒的芬芳香味比紅葡萄酒容易揮發，白葡萄酒都是在飲用時才
   可開瓶。飲前把酒瓶放在碎冰水內冷凍，但不可放入冰箱內，
   因為急劇的冷凍會破壞酒質及白葡萄酒的特色。

5. 紅葡萄酒：一般不用冰鎮。在室溫溫度下服務，服務前先開
   瓶，放在桌子上，使其酒香洋溢於室內，溫度在18～20℃。服
   務前先放在餐室內，使其溫度與室內溫度相等。但在30℃以上
   的夏日，要使酒降溫至18℃左右為宜。

6.香檳酒：為了使香檳酒內的氣泡明亮、口感舒適，要把香檳酒瓶放在碎冰內冷凍到7～8℃時再開瓶飲用。香檳酒必須冰凍後服務才算合乎規格。

四、酒品服務

（一）斟酒

1.斟酒的姿勢與位置：服務員斟酒時，左手持一塊潔淨的餐巾隨時擦拭瓶口，右手握酒瓶的下半部，將酒瓶的商標朝外顯示給賓客，讓賓客一目了然。斟酒時，服務員站在賓客的右後側，面向賓客，將右臂伸出進行斟倒。身體不要貼靠賓客，要掌握好距離，以方便斟倒為宜。身微前傾，右腳伸入兩椅之間，是最佳的斟酒位置。瓶口與杯沿應該保持一定距離，以一～二釐米為宜，切不可將瓶口擱在杯沿上或採取高灑注酒的方法。斟酒者每斟一杯酒，都應更換一下位置，站到下一個客人的右邊。左右開弓，探身對面，手臂橫越客人的視線等，都是忌諱和不禮貌的作法。凡使用酒籃的酒品，酒瓶頸背下應襯墊一塊布巾或紙巾，可以防止斟倒時酒液滴出。凡使用冰桶的酒品，從冰桶取出時，應以一塊折疊的布巾護住瓶身，可以防止冰水滴灑弄髒餐墊和客人衣服。

2.斟酒順序：

（1）中餐斟酒順序：一般在宴會開始前十分鐘左右將烈性酒或葡萄酒斟好，斟酒時，可以從主人位置開始，按順時針方向依次斟倒。賓客入座後，服務員及時詢問上何種軟性飲料，如：橘子汁、礦泉水等。其順序是：從主賓開始，按男主賓、女主賓、再主人的順序順時針方向依次進行。如果是兩位服務員同時服務，則一位從主賓開始，另一位從

副主賓開始，按順時針方向依次進行。

（2）西餐宴會的斟酒順序：西餐宴會用酒較多，幾乎每道菜配一種酒，吃什麼菜，配什麼酒，應先斟酒後上菜，其順序為女主賓、女賓、女主人、男主賓、男賓、男主人，婦女處於絕對領先地位。但是，重要外交場合中的禮儀也有例外。斟酒過程也採用順時針方向依次漸進。

3.斟酒注意事項：

（1）斟酒時，瓶口不可搭在酒杯口上，以相距二釐米為宜，以防止將杯口碰破或將酒杯碰倒。但也不要將瓶拿得過高，過高則酒水容易濺出杯外。

（2）服務員要將酒徐徐倒入杯中，當斟至酒量適度時停一下，並旋轉瓶身，抬起瓶口，使最後一滴酒隨著瓶身的轉動均勻地分布在瓶口邊緣上。這樣，便可避免酒水滴灑在餐墊或賓客身上。也可以在每斟一杯酒後，即用左手所持的餐巾把殘留在瓶口的酒液擦掉。

（3）斟酒時，要隨時注意瓶內酒量的變化情況。以適當的傾斜度控制酒液流出速度。因為瓶內酒量越少，越容易衝出杯外。

（4）斟啤酒時，因為泡沫較多，極易沿杯壁溢出杯外。所以，斟啤酒速度要慢些，也可分兩次斟或使啤酒沿著杯的內壁流入杯內。

（5）由於操作不慎而將酒杯碰翻時，應向賓客表示歉意，立即將酒杯扶起，檢查有無破損。如有破損要立即另換新杯，如無破損，要迅速用一塊乾淨餐巾鋪在酒跡之上，然後將酒杯放還原處，重新斟酒。如果是賓客不慎將酒杯碰破、碰倒，服務員也要這樣做。

（6）在進行交叉服務時，要隨時觀察每位賓客酒水的飲用情

況，及時添續酒水。

（7）在斟軟性飲料時，要根據宴會所備種類放入托盤，請賓客選擇，待賓客選定後再斟倒。

（8）在宴會進行中，一般賓主都要講話（祝酒詞、答謝詞等），講話結束時，雙方都要舉杯祝酒。因此，在講話開始前要將其酒水斟齊，以免祝酒時杯中無酒。

（9）講話結束，負責主桌的服務員要將講話者的酒水送上供祝酒之用。有時，講話者要走下講台向各桌賓客敬酒，這時要有服務員托著酒瓶跟在講話者的身後，隨時準備為其及時添續酒水。

（10）賓主講話時，服務員要停止一切操作，站在適當的位置（一般站立在邊台兩側）。因此，每位服務人員都應事先瞭解賓主的講話時間，以便在講話開始時能將服務操作暫停下來。

（11）如果使用托盤斟酒，服務員應站賓客的右後側，右腳向前，側身而立，左手托盤，保持平衡，先略彎身，將托盤中的酒水飲料展示在賓客的眼前，示意讓賓客選擇自己喜歡的酒水及飲料。同時，服務員也要有禮貌地詢問賓客所用酒水飲料，待賓客選定後，服務員起身，將托盤托移至賓客身後。托移時，左臂要將托盤向外托送，避免托盤碰到賓客，然後，用右手從托盤上取下賓客所需的酒水進行斟倒。

（二）酒會的酒水服務

酒會的酒水服務是整個酒會的重頭戲，它的服務是否足夠，關係到整個酒會的服務品質。它的服務要求是：

1. 酒會開始時的操作：所有的酒會在開始的十分鐘是最擁擠的。到會的人員一下子湧入會場，如果飲料供應不及時的話，會議就會出現混亂的局面，第一輪的飲料，要按酒會的人數，在十分鐘之內全部完成，送到客人手中，大、中型的酒會，調酒師要在酒吧裡，將酒水不斷地傳遞給客人和服務員。負責酒會指揮工作的經理、酒吧領班等還要巡視各酒吧擺設，看看是否有的酒吧超負荷操作，特別是靠正門口右邊，因人的習慣比較偏向右邊取東西，如果有的話，應立即抽調人員支援。

2. 放置第二輪酒杯：酒會開始十分鐘後，酒吧的壓力會逐漸減輕，這時到會的人手中都有飲料了，酒吧主管要督促調酒員將乾淨的空杯迅速放上酒吧台，排列好，數量與第一輪相同。

3. 倒第二輪酒水：第二輪酒杯放好後，調酒師要馬上將飲料倒入酒杯中備用，大約十五分鐘後，客人就會飲用第二杯酒水，倒入杯後，酒杯及飲料必須按四方形或長方形排列好。不能東一杯、西一杯，讓客人看了以為是喝過或用剩的酒水。

4. 到清洗間取杯：兩輪酒水斟完後，酒吧主管就要分派實習生到洗杯處將洗乾淨的酒杯不斷地拿到酒吧補充，既要注意到酒杯的清潔，又要使酒杯得到源源不斷的供應。

5. 補充酒水：在酒會中經常會因為人們飲用時的偏愛而使某種酒水很快用完，特別是大、中型酒會中的果汁、什錦雞尾酒和白蘭地。因此，調酒師要經常觀察和留意酒水的消耗量，在有的酒水將近用完時就要分派人員到酒吧調製飲料，以保證供應。

6. 酒會高潮：酒會高潮是指飲用酒水比較多的時刻，也就是酒吧供應最繁忙的時間，常是酒會開始十分鐘、酒會結束前十分鐘，還有宣讀完祝酒詞的時候。如果是自助餐酒會，在用餐前和用餐完畢也是高潮。這些時間要求調酒師動作快、酒水種類多，儘可能在短時間內將酒水送到客人手中。

7. 注意事項：有時客人會點酒吧設置中沒有的酒品，如果一般牌子的酒水，可以立即回倉庫去取，盡量滿足客人的需要；如果是名貴的酒水，要先徵求主人的同意後才能取用。

8. 清點酒水用量：在酒會結束前十分鐘，要對照宴會酒水銷售表清點酒水，確切點清所有酒水的實際用量，在酒會結束時能立即統計出價格，交給收款員開單結帳。

會議宴會廳的布置

與會者在一起要召開三至五天的會議，如果每天都採用同樣的餐飲形式肯定會使與會者厭煩、招致抱怨。作為會議組織者和酒店餐飲部經理，應考慮適當變換與會者就餐方式。一般在一個會議期間要根據會議活動和食譜安排的需要靈活安排自助餐、正式宴會、風味小吃等非正式宴會等就餐方式，或對非正式宴會採用套餐、分餐制或是火鍋等形式，以增強餐飲對與會者的吸引力。

一、大型正式宴會的布置

大型宴會的準備工作在預訂之後就開始了。一切都將根據宴會所選擇的時間、菜單和服務方式來安排。宴會廳要根據出席人數、功能、形式來選擇布置，並在宴會開始的當天準備就緒。餐桌的布置可由專人指導完成或專職服務員來完成。

宴會安排要求仔細，不要使客人感到太擁擠，還要便於服務員的迅速服務。宴會服務按六、八、十人一桌安排比用整個長宴會桌進行要快，服務員的服務範圍也好確定，比如一個服務員可服務幾個餐

桌。

　　安排餐桌時，客人座位的設計要求舒適，一般長為○‧六公尺，寬○‧三八公尺，另外還需要考慮到放置調料、花瓶的空間。以兩人座位為例，桌布長為○‧八公尺即各○‧四公尺，座位寬○‧六公尺。桌高一般為○‧七五五公尺，椅高○‧四二五公尺，椅之間相隔○‧五公尺。

　　宴會廳的安排應根據：

1.宴會形式。
2.客人人數。
3.採用的服務方式。
4.所需設備數量和服務台數量。
5.餐廳形狀與環境。餐廳應無任何障礙物，避免受到外界噪音的干擾，裝飾的氣氛應保證室內舒適。
6.所需要的餐桌、座位數量。

　　餐桌安排有多種形式，而且每個餐桌的大小形狀也各不相同，有長方、曲線、圓、四分之一圓等。總之，要適於單用或組合成一定形狀。

　　燈光、裝飾、擴音設備、室內溫度控制等因素，宴會經理都應考慮到。座位安排是宴會服務很重要的一項內容，要根據有關禮節和客人職位來安排。依照國際習慣，桌次和座位的先後，均以距離主桌或主座的遠近而定，右為主，左為次。若男女同桌參錯，主座者為女主人、主賓座要設在主座右手，主賓夫人坐於男主人右手。如有可能「主席桌」應高些，有些可以安排在講台或平台上，抬高主席桌有利於其他桌上客人能看到主席桌上的人。除便宴、家宴外，多數宴會應事先編寫座位卡，如為國際宴會，卡片的上方要使用主國文字書寫，下

方要用賓國文字書寫。

宴會餐桌布置方面，是將客人用膳時間內所需的餐具全部擺在餐桌上面，並按使用的先後順序排列好。

布置宴會餐桌的第一步，先注意餐桌上有無固定的桌墊。假如沒有則應先鋪設一層桌墊，然後再鋪餐墊。假如使用長條桌並需用數條桌布時，桌布的中央折痕要從頭到尾接起來，中央折痕要成一條線。桌布要從桌緣垂下至少十二吋，但不要過長，以免影響客人就座。

桌布鋪好後即可按照規定位置擺餐巾、餐具、玻璃杯及盤碟。服務應互相合作，同類餐具由一個人逐次按順序擺放，可省時省力。所有餐具特別是銀餐具擺放時都要擺在餐盤裡，不要用手拿著，以免印上指紋。

在餐台上和宴會廳內擺放用各種應時鮮花和青草等組合的花盆或花壇，是必不可少的，既變化環境，又增加了宴會的和諧美好的氣氛，表現出宴會的隆重。擺放花草要根據宴會廳的場面、宴會的標準、餐桌的布局以及會議主辦單位的要求而定。如：在高級餐廳，每位客人都有鹽瓶、胡椒瓶及煙灰缸一套。假如空間有限而客人多（如：十人桌），每桌三套，插花瓶放在桌子中心，花的高度要適宜，不可妨礙客人視線。

二、自助餐場所的布置

很多會議都為與會者提供自助式餐飲服務。客人到擺好菜的桌前，根據自己的需要取食品和飲料。自助餐服務的關鍵是自助餐場所的布置。

根據自助餐的特別主題，利用背景裝飾、餐桌布置及食品陳列來表達這個構想。題目可以取節日或紀念日，也可以利用其他形式突出會議主題，如特別為某個團體而舉辦自助餐，可以其產品為主題。如

給汽車商人舉辦的自助餐，就可以使用汽車圖案或模型、生產公司的商標等。

利用牆壁的背景、布景、椅子、牆壁欄柱、棕櫚盆景、彩旗及活動裝置，也可以達到更好的布置效果。如設置有線條的天棚或棕櫚葉枝蓋的小屋頂，作為點心、水果或冷菜餚的攤位；用白色塑料膠做豎立圓柱，仿造大的蠟燭群，尤其是配合深藍或深紅的布料作為復活節或耶誕節自助餐桌的布置，更能顯出效果；粗織的麻布可增加田園的氣氛；而紅白格子布則可提供一種自由的氣氛。

利用各種光線可以突出美麗的菜餚布置。用餐的亮度以相當於五～十支蠟光為宜。

餐桌應保證有足夠的空間以便布置菜餚。按照人們正常的步筏，每走一步就能挑選一種菜餚的情況，應考慮所供應菜餚的種類與規定時間內服務客人人數間的比例問題，否則進度緩慢會造成客人排隊或坐在自己座位上等候。

餐桌可以擺成「U」型、「V」型、「L」型、「C」型、「S」型、「Z」型及四分之一圓形、橢圓形。另外，為了避免擁擠，便於供應主菜如：烤牛肉等，可以設置獨立的供應攤位，客人手端盛滿菜餚的菜碟穿過人群是比較危險的。如不在客人所坐位子供應點心，也可以另外擺設點心供應攤位而與主要供應餐桌分開。

桌布從供應桌下垂至距地面兩吋處，這樣既可以掩蔽桌腳，也避免客人踩踏。如果使用色布或加褶，會使單調的長桌更加賞心悅目。

將供應餐桌的中央部分墊高，擺一些引人注目的拿手菜，如：火腿、火雞及烤肉等。飾架及其上面的燭台、插花、水果及裝飾用的冰塊，也會增加高雅的氣氛。供應餐桌上的各菜碟之間的空隙可以擺一些裝飾用植物或檸檬樹枝葉及果實花木等，組成自助餐桌的基本形狀。

三、宴會台面設計與座位安排

（一）宴會台面設計

　　宴會台面的裝飾效果不僅表現整個宴會服務品質，而且決定了宴會的氣氛。宴會台面的裝飾，主要是透過餐具的擺放位置以及餐桌上的擺花藝術來表現。具體有以下幾點：

1. 餐具的質地應與酒席的規格和菜餚的精緻程度相匹配：高級宴席和名貴菜餚應配用較高級的餐具，以烘托宴會的氣氛，突出名菜的身價。
2. 餐具的件數應依據酒席的規格和進餐的需要而定：盛菜盤子的大小及數目應根據用餐人數決定。
3. 餐桌上花的裝飾應給人們帶來愉快、活力和希望：餐桌上以花裝飾，應烘托宴會的氣氛。無論插花、盆花、碟花還是酒花都要發揮到裝飾美化的作用。一方面餐桌上的桌花應根據季節的變化不斷予以調整，另外，還要使花的大小、色彩與餐桌相協調。
4. 用餐巾裝飾方面：為了提高服務品質和突出宴會氣氛，可根據餐巾和餐墊的顏色以及餐具的質地、形狀、色澤等進行構思，使折出來的餐巾花同宴會台面融為一體，給人以藝術上的享受，要能根據中西餐的要求、特點和物件不同，分別疊成不同樣式的餐巾花。

　　餐巾花的選擇和運用，一般應根據宴會的性質、規模、規格、冷盤名稱、季節時令、來賓的宗教信仰、風俗習慣、賓主座位的安排、台面的擺設需要等方面的因素進行考慮。

（二）主桌的位置安排

宴會台型設計的總體要求是：要突顯主桌，主桌應置於顯著位置；並使餐台排列整齊有序；間隔適當，既方便來客就餐，又便於席間服務；留出走道，便於主要賓客入座。

如舉辦者只舉辦兩桌宴會，此時台型設計應將主桌放在裡面，儘量靠近花台或壁畫（見圖9-1）。

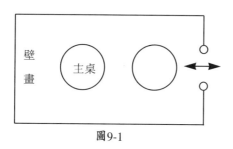

圖9-1

如是三桌、五桌或十桌宴會，除突顯主桌以外，主桌一定要對著通道大門（見圖9-2）。

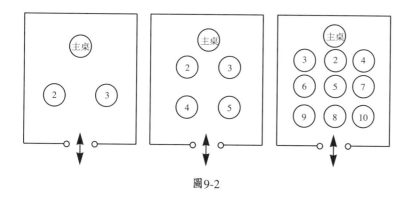

圖9-2

多台宴會設計時要根據宴會廳的大小，即方廳、長廳等或根據主人的要求進行設計，設計要新穎、美觀大方。並應強調會場氣氛，做到燈光明亮，通常要設主賓講話台，麥克風要事先裝好並測試好，綠化裝飾布置要求做到美觀高雅。此外，吧台、禮品台、貴賓休息台等應視宴會廳的情況靈活安排。要方便客人和服務員為客人服務，整個宴會布置要協調美觀。

多桌中餐宴會的台型設計（見圖9-3）。

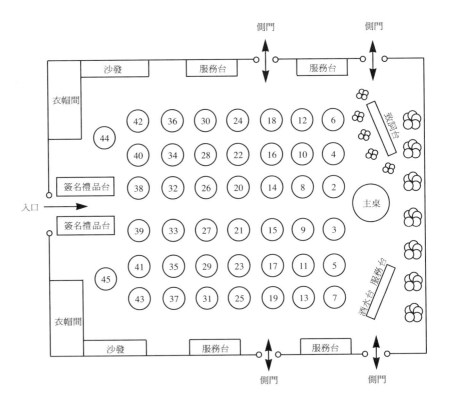

圖9-3

（三）座位安排

　　宴會中至少主席區或主桌的座位要依禮儀規格，根據會議組織者的要求來確定，最好設置名牌。無論中式西式宴會主人席位通常安排在席位上方和正中，主賓席位安排在主人席位右邊，副主賓安排在主人席位的左邊，其他賓客則從上至下，從左至右依次排列，如酒席宴會中，正副主賓都偕夫人出席，在有副主人陪同的情況下，副主人的席位則應安排在主人席位的對面，即餐台下方的中間席位上，右邊安排副主賓，左邊安排副主賓的夫人。主人席位的左邊安排主賓夫人的席位。

　　座位安排中其關鍵是做好貴賓的安排：

1.負責人儘快核實訂位人的有關資料。

2.安排好準確的位置並檢查好有關的清潔、設施等。

3.與會務組確認，準備貴賓配戴的胸花（鮮花）、嘉賓名冊等。

4.貴賓到達前安排禮儀人員列隊歡迎，到達時有專人引領至座位。

5.安排熟練員工接待，並由主管級人員在旁協助。

6.入單時需註明VIP，廚房部主廚加以重視及確保品質及衛生。

7.服務人員在用餐過程中都要按照服務規程。

8.當值最高負責人要經常作追蹤。

9.貴賓離去時，安排人員列隊歡送。

長方形桌座位安排（見圖9-4）及圓桌座位安排（見圖9-5）。

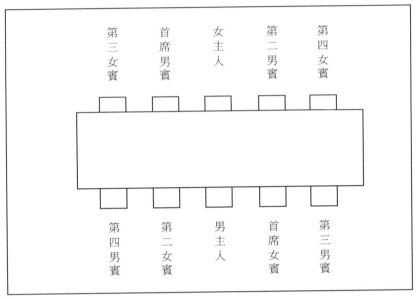

圖9-4　方桌座位安排順序圖

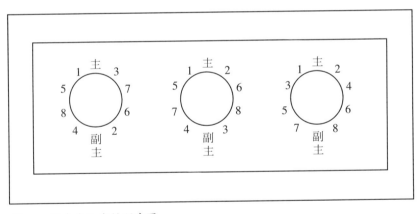

圖9-5　圓桌座位安排順序圖

───酒店會議經營

會議宴會服務

一、宴會組織

　　會議宴會的組織涉及到的部門較多，尤其是大型會議宴會需要的設施也較多，這就要求承辦宴會服務單位做好各方面的工作。宴會經理要有足夠的權力來應付處理緊急事件。宴會經理迅速而有效的組織工作是宴會成功的保證。

　　宴會期間會議經理需協調每一個階段的各種活動，協助客人制訂宴會活動程序、菜單選擇等，並為宴會團體活動提供服務。會議經理組織協調的範圍包括：

1. 預訂宴會並與銷售部門協調。
2. 與會議團體代表確定團體的詳細活動內容。
3. 與有關部門共同協調，為會議團體提供服務和特殊方便。酒店內部各部門對團體活動的詳細資訊進行聯繫並明確各自任務。
4. 管理和協調後勤服務工作，如：原料採購、準備、供應及其他後勤服務設施安裝等環節。
5. 合理配置服務人員，分區域安排負責人。除要求儀表外，宴會服務人員要有豐富的經驗，精通中、西餐服務工作，還要有體力。
6. 協調確定菜單、價格、服務方式等餐飲服務內容。
7. 掌握全面的活動進程，控制時間進度和完善全面的服務功能。
8. 宴會開始前按（餐廳）宴會布置清單檢查驗收準備情況。

　　宴會廳內各項衛生是否達到要求；宴會廳的氣氛是否按宴會目的

要求安排設計；宴會所需各種設備是否按要求安排就緒；音響、照明等效果是否良好，空調運轉是否正常；餐桌設計是否符合會議主辦單位的要求；座席卡是否符合要求。

二、會議宴會的控制

會議宴會出席的人數較多，有效地控制出席人數是做好宴會服務的基本工作。人數的控制通常採用下面方法。

1.計算出席會議宴會的人數，會議組織者和酒店一起設計一套辦法，以判斷出食品的消費量。許多會議組織者喜歡用餐證來控制。客人登記時發會議團體的餐票本。收餐證有兩種普遍的方法：

(1) 就餐室門前，由一會議代表和一酒店成員負責收證。

(2) 宴會桌上，服務員負責收證。對於沒有餐證者，服務員可以拒絕提供服務，酒店依據餐券數量得到付款。

2.飲料收費可以以小時、瓶或個人飲量計價，不論何種方法，均由會議組織人員或指定的酒店人員共同計算收費。

(1) 按時間計價：在規定時間內，每人按統一價收費，超過時間按小時標準收費。如果依據服務人數收費，則需要有準確的人數。計算方法：收取票券是一種方法，計算時間的延長和沒有票券的顧客必須經過會議組織負責人的認可。

(2) 按瓶計價：這種方法按所有開蓋的瓶數收費，不考慮實際的消費量，因此，一些酒吧允許主辦會議者保存酒瓶。所以供應酒品一定要經過安全保存。會議組織者和酒店雙方有必要派人計算，記錄酒瓶數量。

(3) 按飲量計價：依據個人消費飲料的多少、杯、瓶大小來收費。客人們可以現金支付，也可預付票券或者由主持宴會者全權負責。

10. 產品展示會

- ☐ 展覽會組織
- ☐ 展廳設計與出租
- ☐ 展品的運輸與接納

展覽會組織

一、參展前準備

　　許多大型會議將產品展示和展覽活動作為會議的一個重要組成部分。透過為與會者提供更多的資料和訊息，從而增加會議的價值。它不僅是許多商業貿易會議的必備要素，而且是科學技術會議和專業會議的重要部分。會議組織者很重視展覽會，因為它讓與會者學習有關新產品知識和新技術，觀看現場表演，並獲得此領域最新成果；提供了在同一時間和地點比較多種不同產品的機會，提供了對所發表理論的展示或驗證的機會，便於與會者參與探討。

　　產品展示和展覽也可成為訂貨會、交易會。它既能吸引與會者，又能增加必要的收入。

　　一個會議是否需要產品展示主要考慮：

1.產品展示是否是實現會議目標的一部分。
2.展覽是否對會議成功有作用。
3.會議組織者是否有能力引導與會者或廠家參加產品展示或展覽。
4.與會者對即將展出的產品是否有興趣。
5.與會者是否有能力購買或有能力做出購買參展產品的決定。
6.是否有足夠時間安排產品展示或展覽會。

（一）參展的目的

　　展覽會將會吸引多少參觀者，吸引哪種類型的參觀者，他們當中的百分之多少有可能對公司的產品感興趣，有多少可能成為潛在的顧

客。同時，參展的公司或企業還應對參觀者的可能人數以及他們的年齡程度進行瞭解和估計。進一步，公司還應該瞭解他們更具體的情況，如：他們年齡的分布、收入的分布、地區分布和所有那些決定他們對公司或企業的產品是否感興趣，是否有支付能力的因素。要瞭解這些情況；公司一方面可以和展覽舉辦者取得聯繫，尋求他們的幫助，絕大多數情況他們都有參觀者的詳細資料。當然公司還必須對這些資料的可信度進行估計和判斷。如果這些資料得到過獨立監管部門的審查，那麼他們的可信度就比較高。不過，如果公司對舉辦者的背景、信譽沒有什麼疑問，也要要求他們向公司提供較爲詳盡的資料。

另一方面，公司也可從展覽會過去的參展者瞭解到許多有用的情況。有關的這些情況，公司或企業也可以從舉辦者那裡得到。但是，當公司或企業與這些過去的參展者交談時，不能僅僅局限在他們在展覽會上是如何取得成功的、展覽會如何有用之類的問題上，因爲他們的條件和目標可能與你的公司或企業有所不同。這時特別是要瞭解他們在展覽會上有哪些花費，碰到過哪些問題。一旦公司或企業對該次展覽會有了充分的瞭解和分析，就不僅能順利地作出是否參展的選擇，而且也能就參展的展品、參展的策略和目的做出適當的選擇。在這方面歐美的企業做得最好，他們對每一次參展都做出詳細的瞭解，特別是對參觀者的這一部分，瞭解得相當的精細，以便決定他們的參展與否，選擇哪些參展作品，使用什麼樣的參展策略，達到什麼樣的參展效果。他們一般都有詳細的計畫。如：寶鹼公司成功登陸中國市場，可口可樂成功占領中國碳酸飲料市場，他們的每次活動都是經過精心的策劃，特別是在展覽會這一項，寶鹼公司的產品第一次亮相中國，就是在一次產品博覽會上。這些成功的策劃活動都包含著對參觀者的大量分析。

（二）參展時間有多長，具體有多少天

因為時間太短，企業來往路費、布置展台、展廳可能不划算，同時企業所想要的效果包括經濟效果，可能由於時間太短而表現不出來。而時間太長，企業的費用支出可能會更大，到時就有可能得不償失，因為企業一次參展要消耗大量的人力、物力、財力。由於時間過長可能造成沒有必要的浪費，在企業或公司都在極力提倡節儉的今天，對於參展時間的長短我們不能不做考慮。

（三）展覽活動細節的審查

為了保證公司參展活動順利進行，公司有必要預先就參展過程的每個細節進行審查，以便及時消除各種疏漏和隱患。一般包含以下內容：

1. 公司是否有足夠的時間準備參展活動？
2. 各項參展經費是否已經準備妥當？
3. 公司參展目標是否明確，具體到這個目標是否有書面形式？
4. 公司參展活動主題是否已經商定了？
5. 全部參展人員職責任務是否已經明確了？
6. 公司是否已經制訂詳細的參展活動的工作日程表？
7. 展覽場地和空間是否已經落實？
8. 各種宣傳廣告品是否已經確定，它們的準備工作是否已經落實？
9. 運輸工具和需要運輸的參展設備是否已經準備好？
10. 展覽場所的水、電、車輛等是否已經準備好？
11. 展覽場所所需要的桌椅等辦公用具是否已經準備好？
12. 參展人員對有關展覽的規章制度是否完全瞭解？
13. 公司是否就展覽已制訂了發展客戶的關係計畫？

14.邀請客戶的信函和發展與客戶關係的通訊錄是否準備好了？

15.在展台向參觀者發放的小禮品、小宣傳品是否準備好了？

16.公司的參展活動是否與公司其他部門的活動相協調，兩者配合工作是否做好？

17.供展覽用的休息、會客房間是否準備好了？

二、展示會人員配備

（一）參展人員的選擇

由於參展人員在展台或展地上是公司的代表，他們的言談舉止直接顯現著公司的形象。

他們的工作態度、工作能力和工作方式與公司的參展效果有非常密切的關係，所以參展人員的選配也是組織公司參展的一項重要內容，參展人員的選配也不是簡單地選幾個人那麼簡單，它也需要考慮許多因素。如：參展的產品服務和類型、民眾對產品的瞭解程度、公司在展覽中的行動計畫和行動目標等。

一般來說，公司展品的專業性或技術性越強，展台或展地中參展人員具備的專門技能和專門知識就應該越高。對於複雜的展品，顧客或客戶在作出購買決定之前往往要投入較多的時間和精力去瞭解展品，顯然，面對參觀者的種種問題只有專門的人員才能給他們滿意的答覆。另外，對於參展人員除瞭解自己的產品具有一定的專業知識外，他們還需具備必要的智慧和經驗去臨時處理某些特殊事件。參展的主要人員，他們的工作是對展覽內容進行展示、諮詢和交流，這就要求他們的言行要謙和，態度要耐心，具有足夠的內在魅力去激發參觀者的興趣。此時的參展人員要有足夠的交際經驗和能力。由於參觀者總是把參展人員的一言一行看成是公司素質、實力和信譽的表現，所以千萬不能因為生疏的展示、外行的回答、冷漠的態度破壞公司的

形象，破壞公司的參展效果。

　　參展人員的數量配備，一般的每十平方公尺展台面積至少配有兩名人員。如果在這樣的展台上，每天展出時間是八小時，就至少應配備四名工作人員。許多公司通常配備六人，在參展過程中，公司的經理人員應該在場。許多參觀者，特別是那些極有可能成為客戶的參觀者，希望有機會在展覽場所與公司經理人員交談，而且這也是公司管理者直接接觸市場、掌握第一手市場訊息的好機會。如果有兩名經理人員到場，他們不僅僅是開始展覽最初的兩天在場，他們應該輪流值班，始終在展台上保持有一名在場，以便能及時圓滿地解決問題。

　　參展人員需要明顯的區別標誌，這可以使用特製的服裝、徽章、帽子。其目的是向參觀者展示公司的形象，傳達有關展覽內容的資訊。

　　最後，參展人員在展覽中應蒐集、反映參觀者的情況資訊，如：他們的姓名、職務、單位地址以及對產品的興趣和要求。這些資訊對以後的後續追蹤服務很有幫助。

（二）產品展示服務人員及任務

　　產品展示服務是會議服務中一項專門性的業務，它涉及以下人員。

1. 會議組織者：一般是協會和公司管理機構人員，他們負責組織展覽，並吸引參展部門或企業。會議組織者從酒店租展覽場地。大多數情況下酒店要收租用費，在某種情況下，酒店可能免費提供展覽場地。

2. 參展者：代表公司或企業等單位負責參展的人。通常和會議組織者一同到達酒店。做詳盡、周到的展覽安排，並與會議組織者簽定租用展覽室的協定。

3. 展覽會主管：由會議組織者聘請或僱用的負責組織和協調產品展示工作的專業人員。有時這一角色由專門從事展覽安排和服務的人承包負責，稱之為展覽服務承包者。

4. 評獎委員會：如果會議組織者計畫對參展產品進行評比，應邀請該產品行業的專家組成評獎委員會。此委員會負責對參展的產品的品質、包裝等進行鑑別，評出優秀產品。評獎應在公正客觀的條件下進行，使其評獎結果能被大眾接受。

5. 會議服務經理：由酒店出任，在酒店召開產品展示會時，會議服務經理的聯繫和協調工作對保證展示會的成功是至關重要的。會議服務經理和會議組織者、展覽會主管協調並負責展覽會的開發、設計、市場調查以及設備安排，具體工作任務包括：

（1）確定展覽會的總體目標。

（2）與會議組織者配合，確定展覽會主題。

（3）設計基本的展覽計畫並向會議組織者提出能促進展覽成功的建議。

（4）選擇展覽會中所需要的成員並指派工作。

（5）制訂展覽目的、參展者目標、種類、時間表等相關內容。

（6）制訂或實施吸引參展者的市場計畫。

（7）制訂並向會議組織者遞交控制預算方案。

（8）制訂參展的規則和條例。

（9）確定挑選參展者的標準。

（10）決定展室價格。

（11）與參展者溝通，並設計參展會繪圖。

（12）整理出參展者各種需要的資料清單。

（13）與會議宣傳者合作，吸引與會者觀展。

（14）與會議登記者合作，進行參觀登記。

（15）選擇聘用服務人員，控制和管理整個展覽活動。

（16）安排展品的運輸、擺放。

（17）管理和監督展品安排的拆卸。

（18）做好供電、複印、設備供應、花卉供應。

（19）做好各種標誌、標語、廣告、裝潢的設計和安裝。

（20）在展覽過程中，與參展者聯繫，並提供所需服務。

另外，會議服務人員還需向每個展覽者發送有關展覽服務的資訊，包括：

（1）所有需租用設施的種類和它們的價格。

（2）隔牆板和地面覆蓋物的種類及其價格。

（3）需要照管展室的服務人員。

（4）所有用電的服務：包括需要的電負荷、燈及為之工作的人員。

（5）提供技術人員及僱用的服務人員。

（6）指示標誌的價格。

（7）信號和價格。

（8）視聽資訊。

（9）電話及網路資訊。

（10）所提供的鮮花和服務的資訊。

（11）關於全部貨物及其價格的有關資訊。

發出產品展示服務資訊，是使參展者事先根據需要來預訂以上各專案和人員。提前預訂對展覽會的成功非常重要，它能讓展覽服務經理瞭解所用設施、隔牆板、地毯等在會議期間的需求。

（三）產品展示會工作人員

因酒店類型不同，展覽會工作人員的安排也有區別。一般酒店除了充分利用工程部各類人員外，對大型產品展示還需外聘專業人員來負責展覽會的安裝、拆卸等工作。這些工作人員主要是：

1. 木工：啟封展覽箱、展示材料、安裝拆卸展覽品，包括：小隔間、家具、固定裝置、隔板架等（有些工作由裝配工完成）。
2. 美工：掛簾布、布置標語等。
3. 電工：安裝電源、燈、電視螢幕、音響、錄影設備、空調等。
4. 管工：安裝水管等裝置。
5. 電腦、電話安裝工：安裝和維修電話、電纜。

三、產品展示會預算

產品展示會的預算是展覽會組織工作非常重要的一個環節，是確定展覽價格的基礎。展示會預算根據所有收支項目來確定既保證有足夠的盈利，又能被參展者接受的價格。展示會預算的收支專案包括：

（一）收入項目

1. 展覽室的銷售：展覽室的價格不僅包括空間的出租，還包括所有用品的租用費。
2. 門票的收入：向參觀者出售門票，約占展覽收入的三分之一。
3. 展覽資料或書籍的銷售。

（二）支出項目

1. 租用場地支出。
2. 展台（場地）構造支出

（1）修造和整理。

（2）設計及再設計。

（3）保險。

3. 展台（場地）的進入和布置支出

（1）展覽商品、產品的運輸。

（2）安裝。

（3）地毯窗簾、家具和覆蓋物。

（4）電器、電子設備、零件。

（5）花卉及其他植物。

（6）通風和製冷設備。

（7）水、電、氣。

（8）電話、通風設備。

（9）清潔工具。

（10）攝影器具。

4. 日常支出

（1）職員用房。

（2）招待家具。

（3）食品和飲料。

（4）職員上下班的接送。

（5）接待賓客。

5. 宣傳、廣告支出

（1）宣傳單、宣傳資料、手提包。

（2）展覽廳外的氣球。

（3）隱性的廣告費用。

6. 公司展覽用品支出

（1）展覽用品（有可能在展覽後期，低價出售）。

（2）供試用或展示的產品。

（3）目錄表、宣傳手冊。

（4）職員服飾。

（5）展品的裝配和拆卸。

7.其他支出

（1）其他有關物資的運轉。

（2）展覽的修正，調整。

8.（責任）保險費。

9.其他費用。

上面所列的支出項目儘管不能包括所有展覽會的情況，但是在基本框架上能夠反映出一般展覽會的支出狀況。

在編制費用預算時，要逐項對可能發生的費用項目進行精密的評估，看看哪些項目必須支出，各要支出多少。做到心中有數，能少花的，就儘量少花，要求大額支出的，也要大額支出。爭取做到單位資金效益最大化，這也是任何一個企業或公司所追求的。

四、產品展示說明書的設計

產品展示說明書是推銷參展產品並吸引參展者的主要工具。說明書的設計必須包含詳細的基本訊息如下：

1.會議和產品展示會的名稱、地點和日期。

2.會議和展覽會的贊助者、主辦者。

3.展覽會主要聯繫人的姓名、地址、電話、傳真號碼等。

4.會議和展覽會的簡要介紹：目的、主題、形式、展覽會與會議的關係。

5.吸引展覽者的主要優勢。

6.預計出席的人數。

7.吸引觀展者的產品和服務。

8.上次展覽會的歷史（包括：地點、時間、出席人數及地理分布）。

9.展覽會的地點設施（包括：電、氣、水、空調等）及特殊設施位置。

10.說明展覽時間與會議日程表的關係。

11.展覽空間及展覽的程序。

12.選擇參展者的標準。

13.展覽的規章制度。

14.申請參展的時間、專案、被確認程序。

15.展室地面設計、規劃及展室的分配規劃及時間表。

16.展室的種類及收費標準。

17.費用說明：申請費、押金、折扣價格等。

18.運輸說明及運費。

19.員工工資及政策。

20.展室地面承受力的限制（最好分區域說明）。

21.展室安裝的特殊說明。

22.展室服務的原則、制度、保險要求。

23.展覽經理給參展者提供的安全保障。

24.保險及責任的申請和要求。

25.參展的註冊資訊。

26.參展者的住宿和費用。

詳細的說明書不僅能吸引更多的參展者，而且能吸引更多的觀展者，以保證會議及展覽的圓滿成功。

展廳設計與出租

一、展廳設計

　　根據會議組織者的要求，在酒店會議服務經理的協調下，將展廳隔開成為個別的展室（展覽區），並進行基本的裝配設計。在展廳的設計前要到酒店或會議中心的現場進行考察，不只是知道它的總面積與淨面積的問題，還要考慮展示廳內樑柱或其他支撐結構的干擾作用，它們會減少展室的數目。

　　展廳的布置要達到適用於所有產品展示的服務要求。不只是將展廳分成所需要的各個區域，而且還包括：水電的供應、指示標識牌的安裝、地面裝飾、清潔工作以及電話、鮮花、裝飾的安排和視聽設備的安裝等。

　　展覽會主管是展覽服務過程中的關鍵人物。他們和會議組織者一同負責，從預展到展覽結束後的拆卸整個過程的工作。通常要求他們和酒店會議服務經理進行商談，以取得對各自工作的理解、接受和協調。

（一）展廳設計應注意的問題

　　1.展廳設計時，不應只考慮空間，還應考慮到空間內的障礙物、展室的吊燈和樑柱等。展廳內的布置應事先和酒店會議服務經理商量。

　　2.展廳設計還要根據具體情況考慮到管道和電源的需要。如果是設備展覽，還要考慮到用電負荷。

　　3.如果設計室外展覽，則應考慮到外界的情況。

4. 展覽會的布置和會後的拆卸需要在短時間內完成,應考慮到足夠的人力,否則難以滿足要求。尤其是在一個展覽結束而另一個展覽開始布置時,展台的拆卸、展廳的清掃、重新布置以及產品的運出和運進等工作需要大量的人手。

5. 其他服務:展覽服務中很多不起眼的小事對整個展覽服務意義重大,如:走道的清掃、垃圾的清理等。如果展覽會造成的廢雜物過多,應同會議組織者商訂處理方法和費用。

6. 大型設備展覽應使用堅固的混凝土地面,不能使用大理石地面,更不能放在地毯上。舞廳應避免放重型設備,大型設備要使用專門的起吊工具,即起重機或升降機。

7. 展覽廳通常不僅限制展品和設備所占的空間,而且對運送貨物的車輛和轉運工具都有限制,因為任何一個酒店都不會有足夠的空間停放這些車輛和工具。

8. 專業場景布置者,為突出主題,吸引與會者,展示場景布置十分重要,不亞於做一次大型廣告,同樣要追求視覺、聽覺等感官刺激,使產品形象先聲奪人。專業場景布置者可提供從器械、操作、效果等方面的專業服務,如:服裝展示會表演團的舞台、燈光、音響等,這是大多數酒店不具備的。

(二)展廳設計

精確設計應註明樑柱、門、窗及其他障礙物,地面負荷能力、天花板高度等。後兩個是基本因素,因為很多展覽品都有一定的高度和重量。

提供一些展室布置的圖片資料或輪廓並說明室內的特殊要求對展廳設計是很有幫助的。

會議組織者能從圖片上檢查出走道的寬度、展廳的高度和整個展廳的全貌。圖片也能表示展廳曾被其他會議組織使用過的情況。

設計應以美觀、實用爲原則並注意其效率，展區與非展區之間要用屏風（或移動的帷幕）和臨時牆板隔開。

設計人員必須設計出走道的寬度、展廳的容量、出口和大廳以及遵守當地防火規則等要求。

（三）展廳布置時間

在計畫展覽會時，必須草擬出每個展廳將使用的時間，包括展品進入和移出展廳的時間，布置時間以及展覽會前清理需要的時間。展覽會開始後，展覽服務承辦者必須有秩序地將所有展品送到各個展室。展覽結束後按運輸和貯藏要求包裝，並爲下一個展覽會及時清掃展廳。一般的展覽會要求一天或兩天的時間來布置的拆卸，大型展覽會需要的時間則更長些。

（四）展廳開館時間和客房的安排

參展人員常抱怨展廳開館的時間和客房安排的方法。通常這兩項工作是由會議組織者而不是酒店來制訂，但會議服務經理至少應知道這些意見。

參展人員覺得懂得時間應充分而有效率，要求能有機會在會議期間進行業務談判，避免在客人流量小的情況下在展廳枯坐。而業務談判是參展人員參加會議的原因，所以當展覽安排時間特別緊，而展覽人員又特別忙時，會議服務經理應向會議組織者建議並鼓勵參展者增加陳列的天數。

展覽會的客房一般由會議組織者來進行安排和選擇。作爲參展人員，他們不希望展覽區域與自己所住的酒店分開，因爲對業務談判和夜間銷售會有不便。會議服務經理應給予解決，主要是與會議組織者商談並進行某些制度方面的調整。另外，可以爲會議代表安排一間小會議室做爲夜間利用。

二、產品展示台種類

　　一旦決定需要展覽會，就必須決定產品展示種類。展品是指展出者生產或經營的製品。類似如下的東西禁止展出，如：武器、槍、刀、劍類、引火爆發性或放射性危險物、劇毒物、麻藥、有可能侵害工業所有權的東西進口或禁止銷售品。另外，主辦者認為有礙於展覽會舉辦的物品。目前，常見的產品展示形式有以下三種：

1. 展出：展出者利用所分配的展覽小間，可以設置為取得展品效果所必要的展覽設備、裝飾、各種標誌等。
2. 展示
   （1）展品實際展示，要考慮到對人體、財物的安全與其他展出者是否有影響。
   （2）主辦者認為有必要時，進行為謀求安全的處理，而限制表演或使其停止。
3. 試銷：展出者在所分配的展覽小間內，不能把展品或其他物品在展覽會期間以轉讓的條件銷售。不過，按有關規定條款可以在特定的場所試銷商品。有時試銷是參展商吸引遊客的手段之一。

　　產品展示布置的形式如下：

（一）桌面展覽

　　桌面展示是很受歡迎的一種展覽方式。桌子占空間較小也不需昂貴費用，卻能展示很多東西。桌面展示可以設在會場、前廳、註冊處旁邊、會議室隔壁的房間或者設在另外一層房間裡。

　　如果場地允許的話，桌面展示甚至可以設在會間休息場所和吃自助餐的地方。

五十～一千人的會議很容易設六十～七十五個桌面進行展覽。桌面展示是由與會者人員在約定的場地進行布置，桌面一般為一‧八三公尺×〇‧八一公尺或二‧四四公尺×〇‧八一公尺（見圖10-1）。

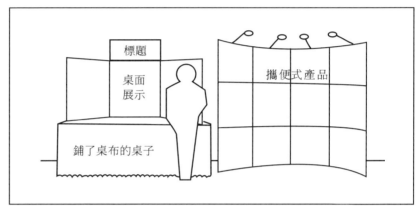

圖10-1　桌面式展示

　　桌面式展示場所可以展示從印刷品到機器設備的許多東西。設備類展品，如：電腦系統或醫學上用的超音波掃描器，對展示者來說很小也很輕，便於運送。需要注意的是許多酒店不允許這類設備出現在酒店大廳等公共場所，而是要求它們走運送間或其他運輸通道。在大多數情況下，供展示用的設備都是能使用輪子的攜帶型設備。

　　展示者可以提供自製的桌面標誌和展示板。展示板是裝在箱子裡帶到會議上的展示品，展品打開後可放置桌面上。會議結束後，這些展品可以折起來或拆開，裝到密實的箱子裡，被運到或帶到下一個會議上。

　　展示者也可以把印有本公司名字的標誌擺在展示桌面上以作識別和宣傳。有時候，除了各展示者帶來他們各自的宣傳品以外，會議的組織者還提供給大家會議統一製作的標誌。

會議所在的酒店或會議中心會根據會議組織者要求，制訂有關桌面展示的具體規定，可能會按每張桌子收取一定的費用。

　　許多酒店或會議中心不會為提供的桌子桌布收取費用，但有可能收取展覽場地租金。當然，會議參展者有可能要為每張桌子繳交五十～二百元的使用、布置費。

　　會議籌畫者在對展示者以書面形式提出的要求中一定要規定展示板擺放的最大高度和寬度以及展示的總體要求。

　　布置展覽場地的時間由會議組織者決定，而場地是直接與酒店或會議中心協商好的。布置場地可以安排在會議召開的前一天晚上或會議當天的早晨進行。展示者也會有充分的時間拆裝展品。

（二）展室展示

　　第二種產品展示方式是在展區或展廳進行，展廳內為每個展示者設置了標準的展位。每個展位一般是二·四四公尺×三·〇五公尺、三·〇五公尺×三·〇五公尺或二·四公尺×二·四四公尺。走道的大小根據酒店或會議中心的規定、參觀展覽的人數、人員流動情況和火災與安全條例而定（見圖10-2）。

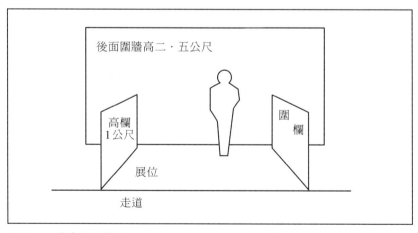

圖10-2　展廳裡的展位

作爲會議籌畫者，可以請一家專業展覽公司爲會議設計展廳。展廳的設計要考慮到火災與安全條例的要求、預計的展位數、食品供應點以及會議提出的各項要求（見圖10-3）。

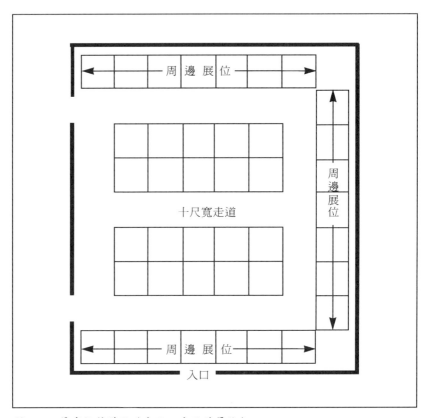

圖10-3　展廳設計樣品（十尺×十尺的展位）

除了標準展位以外，展示者還可以選擇額外的設計展位。出租半島型展位或島型展位會給會議主辦者帶來額外的收入，也會豐富展覽的內容。

根據專業展覽公司設計的圖樣，會議籌劃者能確定可以出租多少

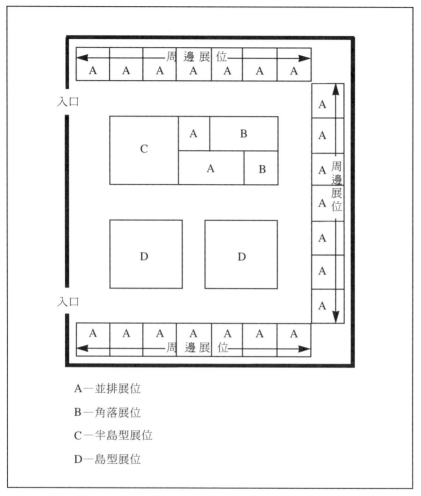

A—並排展位
B—角落展位
C—半島型展位
D—島型展位

圖10-4　不同類型的展位

展位和幾種類型的展位（見圖10-4），有以下幾種類型的展位：

1.並排展位：指和其他展位排成一排的展位。
2.角落展位：指兩面臨走道的展位。

3.島型展位：指四面都臨著走道的靠在一起的四個或四個以上的展位。

4.半島型展位：指三面臨著走道的、背靠背的兩個或兩個以上的展位。

5.周邊展位：指位於展廳周邊牆壁處的展位。

（三）區域式展覽

參展者被指定在展廳的某一區域展出。一般適合於一些高大、重的設備或機械產品。

酒店發展逐漸增加了會議房間和展覽廳的面積，多種會議中心形式的酒店正在逐漸增加，反映了商業展覽的重要性。爲方便組織和管理，會議組織者都喜歡將整個展覽安排在同一酒店內舉行。只有不具備這些條件時，會議組織者才租用鄰近的展覽館或其他酒店的展覽廳。

三、展覽禮儀企畫

展覽禮儀企畫即是經過精心策劃，爲參加展覽會的公司提供最完美的參展活動設計方案。它不僅參與展位、展台布置，相配合的各種聲、光效果；而且主要突出宣傳促銷活動、展覽禮儀模特兒的培訓及包裝等，使公司的優勢最大限度地表現出來。公司參加展覽會的主要目的無非是提高公司的知名度，吸引客戶，洽談合作，在客戶心目中樹立自己良好的品牌形象。但是要達到這些目的的前提條件必須是：儘可能地把人吸引過來。

如何進行展覽禮儀策劃，使企業在萬商雲集中能一枝獨秀呢？方法如下：

1.要瞭解展覽會的類型、企業品牌、產品特點、展台風格、展位

的周邊環境及競爭對手的情況。

2. 透過所掌握的資料進行整個禮儀活動的創意策劃，如：要達到影視效果、解說效果、配音效果等等。

3. 根據展示風格，選擇禮儀小姐是活潑開朗型、小巧玲瓏型還是現代表演型模特兒。

4. 根據選擇的模特兒體型服裝的設計製作，展覽服裝要求賞心悅目，可按創意分為穩重型和明亮型。總之能夠表現一個企業的特色。

5. 根據創意針對模特兒進行分工，如：解說員、演員、展示員、接待員進行人員培訓。

6. 展覽期間禮儀企畫公司的管理及禮儀小姐的發揮也對展覽的成功有著很大影響。展覽禮儀模特兒還要具備良好的公關素質。如：應變能力、動聽的聲音、流利的解說能力、服裝模特兒的表現力、豐富的禮儀常識等。

四、展台設計應注意的問題

對於展台的設計需要有很專業化的水準，下面是應注意的幾個問題。

（一）展台的設計要吸引到訪者

公司或企業的組展部門要尊重客觀規律。展台或展廳不同於商場的售貨櫃台。當他走進展覽大廳時，情況有所不同，他一般沒有明確的目標，具有相當大的隨機色彩，這就像人們沒事兒逛商店街，走走看看。在這種情況下，就要求公司多做工作，努力去吸引和引導參觀者，使每一個參觀者都有可能注意到自己的展台，使每一個到訪的參觀者都不會輕易從自己的展台面前溜走。因此在做展台設計時，公司的一個重要目標就是必須使公司的展台能在很短的時間裡抓住參觀者

的注意力，在很短的時間裡引起他們的興趣，使他們很自然的來到你的展台。

（二）展台的設計要適合與顧客交流

公司要始終記住自己參加展覽的目的，充分利用展覽會在市場促銷方面的獨特功能，爲自己的目標服務。與其他促銷手段不同的是，展覽使公司和顧客處在直接的交流環境中。顧客不僅能瞭解產品的外部形象，也可以看到產品的內在品質。展台上的工作人員可以透過自己的實際展示，把自己產品在內的、最精華部分，充分展示給顧客，展台上的工作人員還可以在與顧客的交談中交換各種資訊，瞭解他們的要求，回答他們感興趣的問題。爲了充分利用展覽這方面的優勢，公司的展覽設計必須爲公司與參觀者的直接交流提供方便、創造氣氛，要做到這一點，就必須使公司的展覽設計適合自己所銷售的產品以及銷售的方式。

總之，公司的展台的設計最終都要服從於參展目標，爲自己的產品開拓銷路。在展覽會這個特定場合下，要有助於達到這個目的。

（三）展台設計要以展品爲中心

1. 要把展品放在中心地位，使其處在最突出的位置上：參觀者，特別是潛在的顧客，到展覽會來，最感興趣的還是展品本身，所以真正把它們吸引住的是展品本身，而不是展台模特兒之類的東西。
2. 要使展品易於被參觀者瞭解：儘量不使參觀者對展品產生「這是什麼東西？它是幹什麼的？」之類的問題。
3. 要保持展台布置的簡樸和莊重：過分耀眼、閃爍的燈光、過分喧囂的音響很容易轉移參觀者對展品的注意力。由於參展的最終目標是要銷售產品，任何參展安排都應服務於這一目標，任

何喧賓奪主的做法都應避免。

4. 要儘可能使用實物展品：參觀者在展台前更願意看到儘可能多的實物展品，而不僅僅是展品的模型或圖片。

5. 要實際展示產品：公司應該以細緻、耐心的展示活動，再現展品的品質和功能。這是吸引參觀者注意力，提高他們興趣的最有效的武器。

6. 要全面展示產品，如果展品有多方面功能，展台設計時，就要使他們能全部展示出來。以上幾點是從展品這一中心來說的，展台或展廳的設計都必須圍繞展品來展開。

（四）展台設計的其他問題

1. 首先要避免把展台或場地設計成不規則或任意形狀，這容易將公司的展覽與別的展覽混在一起，不利於展示自己。現在公司展覽設計中經常使用的圓形、正方形、矩形和八角形可以說是最好的形狀。

2. 其次是在展覽設計中可以藉助動感式色彩去提高展覽的吸引力。一般來說，在任何背景襯托下，具有動感的物體很容易引起參觀者注意。此外，適當使用色彩效果也有利於使展品顯得更完滿。比如常用辦法是將展品襯托於某種色彩背景之前，這對突出展品能起最好的效果。

3. 最後展台或展場中所有的展品都應有很好的照明條件，但是燈光配置要合適，特別是要避免把光線直接投向參觀者。

五、展廳的出租

展覽會是參展者推銷其產品的良好機會，沒有任何一種方法能使會議組織者在這麼短的時間內擁有如此多的購買者。展覽被會議組織

決策者視爲一種有力的促銷手段。

　　會議組織者收入主要來自入場費和登記費，以及向參展者收取租用展覽廳的費用。參展者租用展覽間要事先支付一定數額的預訂金，通常爲租金的一半，其餘部分以後支付。

（一）展廳的收費基礎

　　酒店收取展廳費用主要是以展廳爲基礎，因占用會議室時間長，展示租金一般在會議室租金的基礎加收150％～200％，布置和拆除時間也要計費。或是以小展室出租爲基礎收費，通常是二‧五公尺×三公尺面積。酒店對展廳的收費包括燈光、暖氣、空調、清潔服務等費用以及電話服務費用。另外展廳收費還包括：安裝費用和拆卸費用。

　　另外，會議組織者在制訂出租展廳價格時，還應考慮展廳服務承辦者的費用。一般按展室布置的數量收費，另外還收取布置家具（如：桌椅）的費用。

　　以上兩項費用是制訂展廳出租費用的基礎。

　　酒店出租給會議組織者展室時還必須考慮以下因素：

1.團體客房和會議室的允諾程度。
2.團體成員花費在餐飲方面的費用。
3.這一團體以後是否還會有這種業務。
4.對這一團體的服務是否有其他不尋常的情況。
5.在同一日期內其他會議團體對會議室需要情況。
6.團體對展區的需求面積。

（二）展覽形式與租金費用

　　展覽會通常有兩種形式：一、展覽與會議同時進行。二、展覽是貿易展示的一部分。由於形式不同其收費方式也不同：

1. 與會議同時進行的展覽：這是一種常見的展覽安排，收取租金的變化幅度不大。如上所述，這種收費方法只是以展區為基礎收費。

2. 作為交易會一部分的展覽，這種展覽通常向公眾開放：交易會組織者主要是從租用酒店的展區來賺取利潤，而酒店一般要求收取比與會議同時舉辦展覽要高得多的費用。不過，交易會很少用會議室。另外，對那些有可能損壞酒店設施、增加交通流量的展覽收費較高。

（三）會議組織者對展室的出租

會議組織者對展室進行設計、布置後租給參展者。展室的收費包括：空間、展覽布置、標誌以及所提供的家具、地毯、鮮花或植物等，還包括設施和其他開支費用、參展者支出其展覽會費用和實際租用的展室數量。

展室一般按下列形式出租：

1. 按平方公尺或立方公尺收空間費。
2. 按標準展室收費。
3. 按展室位置或展室形式收費。

展品的運輸與接納

會議服務經理可以向會議組織者建議有關運輸程序而避免相互間的摩擦與困擾。這些建議應儘早提供給會議組織者以便通知參展者。

一、展覽會的展品運輸

展覽會中展品的運輸是一件非常繁瑣又重要的工作，它要求運送及時、安全。許多酒店沒有足夠的儲存空間來接納和存貯展覽物品，尤其是在另一個展覽會的展前和展後的時間內，因而請搬運公司服務是必要的。

（一）搬運公司

搬運公司接納所有的展覽物品，他們有足夠的儲存空間和設施，並且儲存價格便宜。他們擁有足夠的貨車和倉庫裝卸設備，能在一兩天內把貨物從儲存地運送到會議地點。每個展廳經理的目標是將展廳盡可能地被使用，所以在安裝日到來時，經理們要求所有的物品能迅速運到並安裝。

展覽會的管理和儲存費用由會議組織者支付。酒店應通知並建議組織者請參展者與搬運公司聯繫。搬運公司能將展覽會所需要的材料用板條箱適當地包裝，以便於運輸。然後參展者直接把貨物交給搬運公司，搬運公司接受展品並且儲存，在展覽會的安裝日期把板條箱運送到會議地點。

整個工作要求是有條有理、高效率的運行。有時可將搬運工作交給展廳服務承辦者來處理。不管怎樣，需要將準備送到會議地點的展品貼上標籤，標籤上有會議的名稱、參展者（公司）的名稱以及展品的展區、運抵的時間。搬運公司給所有參展者以會議之前的自由儲存時間，這樣做是為了保證所有貨物在展前準時運抵展覽會。會議之後，展廳服務承辦者將展品交給搬運公司，要求將所有運輸展品列出名稱和數目清單。在展覽會前要催促搬運公司以便保證準時接收，或者重新擬定一份按期運送的函件。

（二）運送聯繫

貨物運輸有一定的規範和適當的要求，這使得運送交付變得便利。如果利用搬運公司，所有地點都應按其統一的名稱填寫。

運送展品的展覽會和會議的日期應清楚地標明。對於透過郵件寄出的展品，更應詳細註明地址、收件人、日期等，以便能進行分送。

為防止遺失或誤投參展物品而引起混亂，會議服務經理將要求在展品上標有會議組織者的地址以引起他們的注意。對於參展者最主要的就是按時收到即將參展的展品。

無論參展者要求將展品交由搬運公司運送，還是自己將展品運送到酒店展覽區，建立一套展品運送程序是重要的。

（三）運送方法

會議服務經理協助會議組織者選擇一個合適的運送方法，將會既方便參展人，也方便酒店。一個合理的方法就意味著許多展品的順利運輸，將參展者運送展品的麻煩降低到最低限度。

不是所有地方的服務公司都能提供相同程度的服務。不管是什麼原因，有著良好表現的公司會減少安裝日出現的阻塞。

二、展品的接納與保險

（一）展品的接納

當展品運抵酒店時，應有明確的貨車停放地點，否則可能發生裝卸台貨物積壓，造成由於其他貨物不能卸貨而引起的混亂。

應建議參展者提前支付所有的運費。儘管計畫周密，但不可避免在大量的貨物、包裝箱到來時會使費用有所增加。這就必須建立一個由會議組織者承擔這些費用和賠償的安排程序。酒店應保證建立貨物接納系統，否則酒店會由於不能順利處理到來的裝送貨物而被責備。

當參展者離開酒店時，應根據情況選擇運輸方法，或許不需要將展品運回公司而繼續參加其他的展覽。和當地運輸公司協商能減少運出時的麻煩，如當地有很好的服務公司，這對會議服務經理來說應很好去利用他們。

將展覽會的布置和拆卸時間通知會議人員，超過預訂時間應予以收費。這不僅要求參展者迅速布置展室，而且還要求迅速拆卸。

（二）保險費

當貨物被運送到參展地，布置展室中和撤展運出時都有可能發生事故。發生事故後，索賠是不可避免，所以進行保險是必要的。在展覽地參展單位的貨物一般由會議組織者提供保險費並通知參展人員支付有關保險費用。支付展品的保險費是必須履行的程序，但會議組織者常要求酒店承擔某種損失的賠償。為了保護雙方的利益，必須要每一參展者簽訂一份合約，分清楚各自的責任，以避免因展品的遺失或破損而承擔責任，並且如果參展者損壞了酒店的財產，應由他們承擔修理或賠償的責任。

遺失展品一直是一個難以解決的問題。當展品箱在途中遺失，會議組織者是無能為力的。這就要求參展者進行貨物運輸保險，以保證展品在途中不被丟失。當然，會議組織者應和展覽酒店一同幫助參展者查詢遺失的展品，並在展品到達後迅速處理安排。

對於酒店會議服務人員來說，展覽會前後的時間是關鍵，處理安裝和拆卸多方面問題時他必須在場，並與會議組織者和參展者協調工作。因為這段時間最容易出問題，所以會議服務經理必須在這段時間做大量的工作。

三、展品的安全保護

1.主辦者應由負責的管理人員管理整個展館，以保證安全。

2.展品的保護系統由參展者負責。主辦者對偷盜、遺失、火災、
　操作及在展覽場所裡發生的其他事故，不賠償其損失。
3.參展者對搬進館內的貨物，在運輸及展覽期間要投保，並請採
　取適當的保護措施。

　　總之，如果會議組織者有經驗，會議服務工作變得容易；而無經
驗的會議組織者會增加服務的附加工作量。這就要求會議服務經理不
得不提前考慮將會遇到的困難以幫助協助會議組織者完成工作。

11. 會議旅遊娛樂活動安排

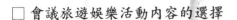

☐ 會議旅遊娛樂活動內容的選擇

☐ 會議旅遊娛樂活動的組織管理

任何一個成功的會議都需要安排休閒活動，一方面促進會議成功；另一方面，讓與會者增加溝通的機會，加強交流。酒店作為會議承辦部門，文化娛樂休閒活動也是會議收入的來源之一。所以，為會議組織者安排文化娛樂活動應考慮到行業特點和有關規定，同時要充分利用酒店的現有設施，如：酒店旅遊部、休閒娛樂部和車隊等。這些需要在會前先和會議組織者商定，並明確地註明在協定中。

會議旅遊娛樂活動內容的選擇

一、會議所在地旅遊

與會者常把會議所在地旅遊當做參加會議的目的之一，這就要求會議組織者提供必要的服務。首先，提供當地旅遊資訊，包括：當地歷史名勝、風景點、文化史蹟、影劇院、音樂廳、健身運動場及購物中心等資訊，這些資訊有的要求提供各地具體的開放時間、天氣狀況等。可能的話，提供一套當地旅遊觀光手冊，讓與會者自行安排旅遊活動時更加方便。

其次，與會者要求會議組織者統一安排旅遊活動。一般而言，大多數會議都會安排一次或兩次當地旅遊活動。旅遊時間表應和會議時間表相銜接。有的旅遊安排在會議期間，讓與會者有休息時間，但多數安排在會議結束前。

會議團體旅遊應做好宣傳工作，保證最基本的人數。一般而言，旅遊通常是按人頭收費，收費標準應考慮到最低人數限制，如果達不到最基本人數，則每人所支付的價格會稍高一些。一般價格包含了導

遊服務、交通費、門票及入場費、過橋過路費和保險費等。如果旅遊行程超過四小時並需要用餐的話，還應包括餐費。另外，個人還需考慮攝影費用、底片的購買和沖印費、購物費等。組織團體旅遊，還需要有詳細的時間安排和旅遊項目的遊覽安排，尤其是每一站到達和離開的具體時間。另外還需要明確在何種情況下（如：天氣變化）取消旅遊。

一般會議所在地旅遊分爲兩類：

（一）購物旅遊

對很多與會者來說，到一個新的會議地點，總是要購買當地特產。會議組織者根據協定提供購物服務，一般是包租客車，並由酒店提供嚮導，分期分批將與會者送到各個不同地點。購物可說是旅遊者的基本要求。一個地區的商業中心、購物街，反映出當地的經濟發展水準和產品特色。在會議旅遊過程中，設有購物的旅遊是極多的，所購物品不僅可以成爲美好的紀念，而且可以成爲娛樂活動中豐富多彩、不可缺少一部分。這時，告訴客人們遵守約定乘車時間的規定很重要。導購服務的基本信譽，就是保證公平、合理的價格，讓客人放心滿意。會議承辦者應詳細向與會者介紹有關商店的特色及購物注意事項。

（二）觀光旅遊

觀光旅遊的組織應由會議服務經理與旅行社聯繫，並要求提供導遊。觀光旅遊地點一般都是歷史古蹟、風景區、公園、大學校園、民俗住宅區等。

有組織的旅遊，是一種集體活動。組織者要根據旅遊目的，針對參加人的興趣愛好、年齡特點、旅遊時間的長短、經濟條件及交通食宿條件等通盤考量，找出合適的地點，制訂出切實可行的旅遊計畫。

旅遊地類型選擇包含如下：

1. 風景旅遊地：構景條件多是山明水秀、奇峰異洞、噴泉飛瀑、雲海怒潮等景色奇佳，環境清幽，氣候爽人之地。讓人身臨其境，心曠神怡。

2. 古蹟旅遊地：新舊石器時代的文化遺址，人類文明遺存的名勝古蹟，是尋古旅遊的目標，使旅遊者回溯歷史，增長知識。

3. 療養旅遊地：依地理特徵，有山地、湖畔、海濱、泉區等。

4. 宗教旅遊地：如：宗教聖地、著名寺院，既吸引虔誠的信徒，也吸引對具有宗教特色的古建築和藝術品有興趣的旅遊者。

5. 體育旅遊地：以體育鍛鍊、比賽或探險為目的，如：登山和滑雪運動。

6. 科教旅遊地：興建先進的科研中心、大型會議和科學展覽設施，吸引專家學者及廣大旅遊者到此交流、參觀和遊覽。

7. 綜合性旅遊地：指具有多種旅遊功能的地區。

二、會議期間文化娛樂活動

根據會議的一般規律、會議在三天左右的，文化娛樂活動一般不少於一次；四至七天的會議，文化娛樂活動一般不少於二次。會議期間的文化娛樂活動一般安排在下午或晚上，會議組織者一般將文化娛樂活動作為固定日程安排在會議日程表中。文化娛樂安排應發揮酒店康樂設施的作用，利用現有場地和節目，如果會議組織者有特殊要求可以從外聘請專業人員到酒店演出。當然也要組織與會者到文化娛樂場所去觀賞一個城市有特色的戲劇等活動。

（一）社交娛樂活動

1. 交際舞會：一個舞會的成功與否，在於大家是否踴躍出席，賓主盡歡、心情舒暢，舞會是否有其特色並達到交際的目的。安排好音樂，對舞會的成功與否至關重要，儘管有很好的音響和唱片，也一定要根據來賓的喜好播放音樂。如果來賓多為年輕人，喜歡節奏快、節拍鮮明的音樂，那就多準備些這樣的曲子；如果多數人都不十分會跳舞，主人就要多準備些「慢三步」、「慢四步」。對音樂播放的次序也要加以設計，一般應該是「慢四」、「慢三」、「快三」、「快四」、「探戈」等。不要只放同類型的音樂，這會使一部分人掃興。舞會場地布置應儘可能按人數來設計，既不能使場地太空曠，也不能太擁擠，場地空曠時，四周放些座椅、茶几，用來放飲料、茶點。舞會的燈光也很關鍵，為了烘托氣氛，燈光要暗。在準備舞會用的茶點、糖果時，一般有小點心、水果糖、汽水、茶水或自製的小食品就可以了。若想增加情趣，也可備一點低酒精濃度的酒。在邀請客人方面，應作如下考慮：一、人數要根據地方的大小而定，要留有迴旋的餘地，但也不要顯得冷清，只請來疏疏落落的幾位客人，過於清靜而影響了情趣。二、要有意安排一兩位比較活潑的朋友，主動地帶動舞會的氣氛，使大家都參與到「氣氛」中來。雖說是舞會，但也不要整個晚上都只是跳舞，最好能插入一些集體遊戲，並準備一些具有紀念意義的小禮物，發給遊戲的幸運者，使舞會不顯單調。

2. 化裝舞會：化裝舞會在國外流行歷史很長，大約起源於古代人類的圖騰崇拜；在中國少數民族中，至今還有逢重大節日戴起牛頭馬面或鬼怪神仙的頭套，在祭祀儀式中舞蹈的習俗。常見的大頭娃娃面罩，實際上也是一種化裝。化裝舞會特別能表現熱鬧、狂歡的氣氛，使舞者減少拘束，心情更為舒暢自然。

舉辦化裝舞會，事先要做好下列準備：

（1）通知參加者，到會前先化好裝。

（2）事前準備好一批面具或化裝用具，使會前未來得及化裝的人可以在會上化裝。

（3）化裝要儘量因人而宜，以能籌集到的服裝或化裝用具來打扮裝飾自己。

（4）化裝舞會要樹立比一般舞會更好的跳舞氣氛，以使熱烈歡樂氣氛能始終得以保持。

3. 卡拉OK演唱：卡拉OK的演唱者，可根據螢幕上歌詞顏色的順序變換，掌握演唱的速度。卡拉OK演唱是目前會議期間常舉辦的活動。卡拉OK歌曲的節拍，最基本的是2／4拍、3／4拍和4／4拍。卡拉OK的演唱，大多屬於通俗唱法，要力求自然，注重情感流露。因而在演出時，演唱者要把握歌曲所表現的意境和情緒，找到其與自身情感的契合點，這樣在演唱時，才能言傳意會、聲情並茂。在用聲技巧上，要注意運氣和真假音的配合使用。掌握正確的換氣方法和胸腹式呼吸方式，需要一定時期的自我訓練，否則，會出現因氣息不足而使節拍加快，或者因呼吸失控，唱出比標準高出許多的音。在唱音調較高的歌曲時，注意真假音的配合運用，會收到較好的效果。演唱時，注意表達喜、怒、哀、樂的感情變化，以增加個人的風度魅力。如果對歌曲及伴奏較為熟悉，則可在台上走與歌曲節拍相同節奏的台步，以增強表現力。

（二）音樂欣賞

1. 欣賞古典名曲：音樂這座人類輝煌的宮殿，如：西洋古典名曲，具有永久的魅力，那麼，如何提高欣賞古典名曲的水準呢？

（1）瞭解作品的時代性和民族性：一首樂曲總是表現了作曲家對生活的感受，表現作曲家站在時代的高度和民族的土壤上所感懷出對人性的理解和對未來的展望。如：蕭邦成年時期的鋼琴作品《練習曲、前奏曲、敘事曲、諧謔曲與奏鳴曲》反映了1830～1831年華沙起義失敗以後，他對波蘭局勢的悲憤、焦慮和對苦難祖國的深切懷念。

（2）瞭解作者的生平和個性：「聲」如其人，由遺傳和生活教育造成的個性，會透過音樂作品顯現出來。如：德沃夏克的音樂，一如他的為人：真純、質樸、毫不矯揉造作。他創作的慢板特別動人，極富人情味。那誠懇的音調好像與同鄉在敘舊，和好友在促膝談心。再如：莫札特，對待痛苦從不反抗，總是寬恕別人；他有一顆藝術家的心靈，又像菩薩一樣大慈大悲，對所有的人都能體察他們的艱辛；他還是個非常自然的人，充滿孩子氣，天真無邪；他的作品像是信手拈來那麼自然；他追求平衡，悲涼的樂章之後一定是歡樂的樂章，這是他的天性。

（3）領會主題：作品的主題是指樂曲中具有特徵的，並處於顯著地位的旋律，它表現一種完整或相對完整的音樂思想，為樂曲的核心，亦為其結構與發展的基本要素。分辨出主題或主導動機（用以象徵某一特定人物、環境等動機為主題），就容易把握和理解整首樂曲。如：貝多芬的《第五交響曲》（命運）第一樂章的主題思想是「命運的敲門聲」。貝多芬像是一頭雄獅，永不向命運低頭，而是向命運奮力抗爭。這一樂章的主導動機就好像一枝小樹芽，在音樂的發展過程中，萌發成千千萬萬片葉子，這些葉子雖有大小的不同，但彼此密切相關。貝多芬就用這枝小樹芽——主導動機，發展成了一棵巍巍壯觀的大樹。這部樂曲記載了

「人類從痛苦走向智慧，從智慧走向勇氣，從勇氣走向希望，從希望走向輝煌生命的漫長歷程」。欣賞這部交響樂，可以說是境界的一次昇華，給人無比勇氣、信心和力量。

2. 欣賞民族音樂：民族音樂範圍很廣，包括傳統的民間音樂、戲曲、新創作的民族樂曲等。論欣賞，自然又各有不同之處。欣賞廣東音樂，需先瞭解它「音色清秀明亮、曲調流暢優美、節奏活潑明快」的特點，這樣無論是聽《雨打芭蕉》還是《旱天雷》，就較容易感知其音響。欣賞江南絲竹，就要瞭解其「音樂格調清新秀麗，曲調流暢委婉，富有情韻；合奏時各個樂器聲部既富有個性，又相互和諧，演奏效果生動活潑，富有情趣」的特點，無論是聽《三六》還是《行街》均容易獲得情感的體驗。欣賞戲曲音樂則除了瞭解特定劇種的基本曲牌特徵外，最好對傳統有所熟識。因為近、現代興起的大量戲曲劇種（如：越劇、淮劇、滬劇等）的聲腔與這四種聲腔有著直接或間接的血緣關係，有些新創作的民族樂曲，或多或少借鑑西洋作曲法的特點，與傳統的民族民間音樂有所不同。民族音樂與西洋音樂，既然都是音樂，欣賞時，在進行音樂感知、情感體驗和聯想、理解等「欣賞活動」時應是一致的。越劇《紅樓夢》中，徐玉蘭一曲「寶玉哭墳」，使人聞聲而泣，足以說明戲曲音樂與其他音樂都具有巨大的感染力。熟悉了戲曲音樂形式，對欣賞其他形式的音樂也是有幫助的。

3. 欣賞輕音樂：音樂藝術，按其格調和表現特點，常可分為「嚴肅音樂」、「輕音樂」兩大類。嚴肅音樂一般比較深刻，形式結構比較嚴謹，篇幅往往較大，要求演奏、演唱者有一定的音樂素養。「輕音樂」相當於國外的「遊藝音樂」或者「流行音樂」，但範圍和概念較之要寬些。輕音樂的特點：一、通俗性。二、娛樂性。輕音樂作品一般篇幅不大，結構簡明，通俗易

懂，不要求演員和聽眾非要具有多麼系統高深的音樂藝術修養不可。輕音樂的內容很廣泛，各種題材往往從側面來進行表達，從抒情或諧趣的角度來呈現。輕鬆、輕快、輕柔、輕盈的格調使人們不僅得到了娛樂，調整了生活的節奏，而且還可以增長知識、陶冶性情。由於輕音樂具有這些特點，所以它廣泛地深入人們生活。或者在音樂會裡，或者在電影、電視裡，或者在家庭中伴你休息、娛樂；或者在假日裡伴你旅遊度假，或者陪你在街上購物，或者陪你安憩夢鄉。總之，不管是國外還是國內，輕音樂的聽眾非常普遍。因此可以說，家庭文化生活離不開音樂，更離不開輕音樂。

4. 欣賞廣東音樂：首先，廣東音樂的旋律和節奏是很有個性的。它與其他民間音樂如江南絲竹有著很大區別。它的旋律常常在流暢的旋律中出現跳進，加上廣東音樂的樂句一般都很短小，節奏往往是輕快跳躍、靈活多變，因此廣東音樂具有跌宕跳動、活潑輕巧、秀麗多姿的特點。如果您對廣東方言也有所瞭解的話，那就不難體會兩者之間的內在聯繫。其次以廣東音樂的高胡、揚琴、秦琴爲主要樂器，加上洞簫、琵琶、笛子、喉管、嗩吶等等，具有獨特的音響色彩。尤其要注意的是高胡，它是奏樂中的靈魂。它比一般二胡高四度，音色華美明亮，它的各種滑音也是廣東音樂的特點之一。所以在欣賞廣東音樂時要特別注意高胡的演奏。此外，有些廣東音樂加進了西洋的小提琴、木琴、黑管等。這也不用奇怪，因爲廣東音樂中用這些樂器來演奏也已「廣東音樂化」了。注意它們與在管弦樂隊演奏中的不同之處也是很有趣的。

（三）戲劇欣賞

1.欣賞歌劇：歌劇實際上是綜合了音樂、詩歌、舞蹈等藝術，以歌唱為主的一種戲劇形式。通常由詠歎調、宣敘調、重唱、合唱、序曲、間奏曲、舞蹈場面等組成。真正稱得上「音樂的戲劇」的近代西洋歌劇，是隨著文藝復興時期音樂文化的世俗化而應運而生的。義大利的卡契尼等人於1600年寫的《優麗狄茜》被認為是世上最早的一部西洋歌劇。義大利歌劇最先在法國得到改造，呂利創造出與法語緊密結合的獨唱旋律，並率先將芭蕾場面運用到歌劇中。這個時期，英、德、奧等國也各自在本國戲劇傳統的基礎上發展了民族歌劇，賦予歌劇深刻的內容，使音樂與戲劇統一起來。法國的羅西尼，德國的韋伯、瓦格納，義大利的威爾第，都是當時頗有影響的歌劇作家。他們的作品人物性格鮮明，音樂悅耳動聽，內容也有一定的社會意義。比才創作的歌劇《卡門》，更成為歌劇庫藏中的一顆明珠。我國「五四」運動以後的音樂家，在民族音樂的基礎上，借鑑西洋歌劇，逐漸形成並創造了具有中國風格、中國氣派的新歌劇。1945年問世的《白毛女》，是我國新歌劇成型的主要標誌。歌劇像所有聲樂作品一樣，也是文學與音樂的結合。所以，欣賞歌劇也像欣賞聲樂作品一樣，較易於為人們所接受。同時，還由於歌劇綜合了其他藝術，音樂表情也更富戲劇性，這就給人們的欣賞帶來更大益處。欣賞一部歌劇，首先要瞭解劇情，瞭解劇中人物的個性、特點等；同時還需具備一些聲樂演唱形式、演員角色的聲音分類等常識，如：獨唱、重唱、合唱等。在歌劇中，人聲分類對於表現不同性格、年齡的不同角色有著重要作用。如：女高音演員往往扮演劇中的活潑、熱情、天真無邪的少女，男主角也常由男高音演員擔任，男中音適合於扮演粗獷的男子漢，女中音扮演溫柔嫻靜

的女性，老年人角色常由低音或中音演員擔任等。正是這些不同的人聲賦予了不同的演唱形式，使歌劇音樂的戲劇性得以加強，使劇情、人物性格得到生動的表現。再加上我們對各個分曲的音調、曲式等方面的理解，就使我們對歌劇的欣賞達到一個完美的境界。

2. 欣賞話劇：話劇從西方「進口」來到中國而成爲「文明戲」已有幾十年歷史，對於廣大家庭來說，這是文化欣賞的一種幸運。現在大、中城市話劇舞台繁榮，歷史劇常演不衰，現代劇、「新潮劇」也十分風行。要使家庭欣賞話劇更有收益，其中的學問不可不講究。話劇是一種最爲貼近現實、易於接受的大衆化藝術。它以對話和動作作爲主要表現手段，在語言上散文化、生活化，無需演唱；在舞台美術上，沒有中國傳統戲劇那樣的虛擬性，而更近於生活現實。在故事情節上，以現代劇而言，多是對現實生活的積極參與，如：《小井胡同》，我們可以在戲劇中發現自己，發現鄰里、親朋、同學、同事，劇中有我們的歡欣和苦惱、追求與希望，我們會覺得非常親切。此外，我們看話劇，既是欣賞者，同時又是創造者，可以獲得「盒子裡的藝術」所不能比擬的樂趣。家庭欣賞話劇，應注意選擇劇目並對所看劇目有所瞭解。在選擇劇目上，要注意老少咸宜，其題材、體裁能被全家人理解、接受，欣賞才更有助益。開始可先看一些現代題材的劇目，如：《天下第一樓》、《末班車》等。此外對那些比較轟動的、有知名度的、流行的劇目也應選看，使家庭娛樂不落伍、有時代感，如：《茶館》、《搭錯車》等。俗話說：「外行看熱鬧，內行看門道。」家庭欣賞話劇，雖不必強求看出門道，但除了看熱鬧，我們還應能看懂、能理解、能眞正愉悦身心。我們可以在看劇前對該劇的作者及藝術風格、時代背景及有關知識作些瞭解，如：《虎符》的作

者是郭沫若，是取材於戰國時代史實的歷史劇。「虎符」是古代帝王授予臣屬大權和調發軍隊的信物。又如：《威尼斯商人》，是英國莎士比亞早期創作中最富於社會諷刺意義的一部喜劇。如果我們沒有查資料之便，就應在看劇前買一份《劇情簡介》，也可以幫助我們理解劇目內容、瞭解著名演員。總之，如能對劇目先作些瞭解，我們對話劇的欣賞就不會僅停留在感官上，還能從心靈上與之交流。家庭欣賞話劇，應注意彼此交流和溝通，互相影響。在看戲時，對精彩的台詞、傳神的細節可互相提醒注意或會心的點頭微笑；對於難懂的地方，家長可小聲告訴孩子，幫助他們理解，尤其是看戲後全家要在一起切磋、交流。家庭成員的性別、年齡、性格不同，欣賞話劇的感受力也會不同。如：《哈姆雷特》，成人的動情力主要表現在那濃郁的悲劇情調上，而女孩子或許會特別同情哈姆雷特的憂鬱和瀟灑，男孩子或許更欣賞王子的高貴性情、他的羅曼史及友誼。有句名言「一千個觀眾，便有一千個哈姆雷特。」最能說明這種情緒感受的差異性。所以全家在一起交流，可彼此瞭解和溝通，提高孩子的感受力。另外，好的話劇立意新、內涵深，涉及的生活層面也比較廣泛，往往很難用一兩句話說清它的主題思想，這時全家人你一言，我一語，理性與感情並舉，知識與閱歷並用，不僅可更深刻地理解話劇，還可以使我們從嚴肅的政治主題上受到教育，在深刻的思想題材中領悟哲理，從高雅的藝術角度培養高尚的情操，那麼，舞台表演的餘波就會在全家人的心中久久蕩漾。

3. 欣賞地方戲：中國戲曲有三百六十餘種劇種，淵源久遠。地方戲是與流行全國的劇種（如京劇）相對而言的。它是流行於一定地區、具有濃郁地方特點的戲曲劇種的通稱，如：豫劇、秦腔、川劇、湘劇、閩劇、呂劇、河北梆子等。一般說來，地方

戲在藝術創作和表演上，是遵循中國戲曲的傳統進行的，但各自又有獨自的特點和風格。如：秦腔的演唱高亢綿長，而越劇的演唱細膩柔媚，一聽演唱，就能使我們聯想起威武勇猛的關西大漢，或是嬌小嫵媚的江南女子。所以地方戲曲的風格、特點，與其所流行區域的民情、風俗、經濟文化發展狀況，極有淵源關係，也正因為它們在表演藝術上適應了當地的環境，才受到當地人民的喜愛，甚至到了癡迷的程度。我們欣賞地方戲，就可以根據這些不同程度的文化氣息，進行比較和選擇，欣賞它獨特的藝術美，並從比較中發現和感受不同的藝術美，這會給我們帶來無窮的樂趣。「藝術貴在獨創」，盲目地模仿別人，必然是東施效顰，貽笑大方。地方戲劇種類繁多，各有其風格特徵，及各自適宜於表現的題材領域和劇作風格。各戲種應該互相學習和借鑑，但也應該保持和發展自己的個性，而不要去模仿和同化，或者像在史無前例的十年文革中，數百十種劇種按一個樣板演戲，如此，則完全失去了地方戲存在的意義，地方戲的藝術魅力，就在於它們各自的獨特性，如：湖南花鼓、雲南花燈戲曲，表演形式靈活輕快，舞蹈性強，宜於表現喜悅歡樂、生動有趣的生活題材；而川劇、漢劇、湘劇（包括京劇）等，都有一整套程式化的動作，嚴謹、莊重而典雅，表演的多是傳統的歷史故事。試想，如果用越劇的唱法刻畫燕人張翼德的形象，將會是什麼效果？這是不言自明的。而如果以河北梆子的唱腔對張飛進行刻畫，效果肯定會好得多。戲曲是擅長於抒情寫意的，一個小戲就像是一首趣味盎然的抒情小詩或是一幅寫意畫。演員可隨意想像、盡興發揮，來塑造人物形象，並把詩畫般的意境，展現在觀眾面前，由觀眾去品味、欣賞，隨著演員的想像去開啟心靈之窗。在欣賞戲曲時，我們是不樂意看到與生活一模一樣的舞台表演。戲劇藝術表現的生

活，是真中見美，是透過美的折射反映出來的高度真實。說戲曲如詩如畫，就是因為它們不僅能把觀眾帶到與自己聲息相通的生活天地，引起思想感情的交流，而且能把他們導向充滿著美好情趣的精神境界之中，使之有所回味和遐想，得到洗滌心胸的愉悅。如：花鼓戲《八品官》，以它塑造的劉二這一寓美於真的農村新人形象，而博得了城鄉觀眾的喜愛。劇中生活氣息與詩情畫意水乳交融，令人觀後猶有餘味。透過對人物的微妙內心矛盾的刻畫以及演員充滿風趣人情和妙言雋語的唱念表演，那看不見的樹、鳥、雲、風，人物潛在的感情流動，都向我們迎面撲來，活現在眼前。在這生氣盎然的境界中，觀眾們看到了真摯的感情、純樸的氣質、樂觀的性格、明朗的心地以及對生活的熱愛，同時也自然而然地為舞台上美的情致和歡快氣氛所感染。戲曲中包含歌、舞等藝術成分，若要歌舞能帶觀眾入詩進畫，演員到了舞台上，不僅要注意形體美，以恰到好處的動作造型來表現戲曲藝術的美，做到一舉一動，處處入畫；而且還要「渾成天然」，不能去生拼硬湊。欣賞地方戲，我們不要忘記這樣的一個人物——戲曲舞台上的丑角。丑角的化裝，常常是臉部鼻樑上抹上一小塊白粉，俗稱「小花臉」。戲曲舞台上的丑角，與其他行當相比最為自由。正經的文武官員上下場，要按鑼鼓點走台步，一招一式，不能亂動。而大家小姐、侯門閨秀，更是「笑不露齒」、「行不動裙」。但丑角卻自由得多，重門不禁，從內外皆可去得，有時還能說幾句俏皮話，尖酸刻薄，令人忍俊不禁。丑角在後台也是可以「亂說亂動」的，如可以隨意坐衣箱；甚至在樂池那樣神聖之地，也不禁丑角去亂扯彈。據說是由於唐明皇充當過丑角，所以其他行當都尊丑。丑角扮演的人物繁多，其中有贓官、清客、市井無賴、陰險小人等反派人物，也不乏言語幽默、行動滑稽、心地

善良的人物，如《玉堂春》中的公差崇公道，就是一個好修行的善良老頭。地方戲的丑角也頗爲重要，如紅遍全國的豫劇《七品芝麻官》中的唐知縣，就由牛得草先生扮演。牛得草對唐知縣的塑造，可說是寓內在之美於外部的「醜」之中，使我們覺得唐知縣的形象詼諧幽默之中透著倔強，覺得他的形象一點也不醜了，甚至覺得如果他不是醜扮，反而不可愛了。牛得草的藝術創造，給予我們深刻的哲理啓迪，突破了歷史的局限，向觀衆展示了地方戲劇丑角所具有的獨特美感。

4. 欣賞京劇：京劇是我國文藝百花園中最絢麗、鮮豔的花朵，它是傳統戲曲中劇目最豐富、表演最精細、流行最廣泛、觀衆最普遍、影響最遠大的一個劇種。它和「國畫」、「中醫」一起被國內外人士譽爲「中國三大國粹」，並在國際上具有很大的影響。早在1930年，我國著名的京劇藝術家出訪美國時，就曾在美國掀起一股「中國京劇熱」。京劇並非北京的地方劇種，它建立在「徽劇」、「漢劇」的基礎上，汲取「昆曲」、「戈腔」、「秦腔」和地方小調的精華，又結合了北京的語言特點，加以事例、演變，逐步形成的劇種。它最早的源頭可追溯到西元1790年「四大徽班」進京，所以在1990年下半年北京京劇界爲紀念徽班進京二百周年舉辦過規模盛大的紀念活動。話劇重「話」，舞劇重「舞」，歌劇重「歌」，京劇的表演形式則不同，它是歌舞並重，載歌載舞。具體地講，京劇有以下藝術特色：

（1）突破時間和空間的界限：傳統京劇的表演區不受時間和空間的限制，非常靈活自由。恰似繪畫原理說的那樣，「方寸之地」，能寫千里之景，東西南北，宛如眼前。「舞台雖小卻有廣闊的天地」。戲開幕後，演員不在場，觀衆就不知舞台上是何地、何時，直到演員出場後，用「唱」或「念」把觀衆引入戲裡來。在時間和地點的變換上，也是透過演

員的「唱」、「念」、「做」的表演和觀眾的想像結合起來，使觀眾有身臨其境、如見其實的感覺。

（2）從化裝到表演的藝術誇張：藝術源於生活，卻又高於生活，不能自然主義地照搬生活。京劇中的誇張比起其他藝術來說更顯得強烈和突出。如有「寓褒貶、別善惡」的臉譜；淨、生行當掛的長長的「髯口」；舞台上馳騁沙場的武將們穿著的平金細繡、五光十色的「大靠」（即鎧甲）；以及舞台上的「哭」與「笑」、「唱念做打」等都是經過了明顯的藝術誇張。其目的是為了追求更美的舞台藝術效果，使觀眾的印象更深刻、更強烈。

（3）以「虛」代「實」的虛擬表演：我們熟知的形容京劇虛擬化表演的一句話是「三五步行遍天下，六七人百萬雄兵」，這就是場景和人物的虛擬化，間幕一拉，相隔十數年，這是時間的虛擬化。另外，像沒有河照樣演《打漁殺家》，沒有城牆仍能演出《空城計》，儘管舞台上燈光照如白晝，《三岔口》中的主人公卻在「摸黑兒」對打，這種虛擬化的表演擺脫了舞台表演區的局限，隨心所欲地創造出戲劇情境，增加京劇的藝術表現力。京劇的虛擬化表演雖然不受空間和時間限制，但也不是漫無邊際，為所欲為，如：開門、上樓、下樓等表演都是虛擬動作，但都有一定的「準」地方，不能隨意挪動，不能在舞台的左邊開門，卻跑到右台去關門，這樣就不符合藝術真實與生活真實統一原則了，虛擬化的動作既要講求「美」，又要「像」。

（4）不同行為，不同流派，各有不同聲腔：京劇中的「唱、念」是塑造人物形象、抒發思想感情的兩種手段。從唱來看，不同行當、生旦淨丑，他們聲腔各異、各有不同，不同流派的演員唱出來的聲音、腔調、韻味也各不相同，同是一

出《玉堂春》，由四大名旦、四大流派分別扮演，唱法上就有顯著不同，很容易分辨出來。「念」也是一樣。同是一出《四進士》，馬派（馬連良）的「念」和麟派（周信芳）的「念」就截然不同。這是京劇的最大特色。

具體地講，京劇的欣賞包括以下幾個方面：

（1）「唱、念、做、打」是京劇欣賞中最主要的部分：傳統京劇是「有言必歌、有動必舞」，因此唱又在以上四項表演形式中占有主要地位。京劇的唱腔非常豐富，但主要以「西皮」、「二黃」為主要聲腔。「西皮」的腔調高亢、明快、爽朗、流暢，旋律的起伏比較大，宜於表現慷慨激昂的情緒；「二黃」的聲調平和、穩重、深沈、渾厚，旋律較平穩，多用於表現憤慨、憂傷的情緒。另外，京劇中的「生、旦、淨、丑」幾大行當及下分的若干小行，其唱腔為符合人物性格，是各不相同的。如果我們對各種唱腔細細品味，會發現它們是非常優美而富於韻味的。京劇中的「念」，不像生活中說話那麼簡單。它講究念得字清句明，層次有序，要念得富於節奏感和韻律感，給人美的享受，同時還要經過抑揚頓挫、輕重疾徐的藝術處理，充分表達劇中人物的思想感情。所謂「做」，是指演員為表達人物思想、刻畫人物性格，在舞台上表演時所運用的舞蹈動作和靜止亮相的「身段」（即舞蹈化的形體動作）。京劇演員的「做」，無論上場下場，舉手投足都要帶給人美感，使人留下深刻的印象，但演員的「做」既講求美感，又不能脫離「像」，必須以現實生活為基礎，不能誇張得不著邊際。「打」是京劇舞台上表現戰鬥場面的表演手法。「打」也是真假結合的動作，既表現出現場的打鬥氣氛，又要打出「美」來給觀眾看。「打」得好的演員，能打得驚險緊張、

天衣無縫，產生強烈的藝術魅力。

（2）對京劇臉譜的欣賞：京劇中勾畫臉譜的爲「淨」、「丑」兩個行當，它並不是僅僅爲了裝飾美，更主要的是爲了「寓褒貶、別善惡」，忠奸善惡各有其固定的臉譜，讓人一目了然。如今，臉譜已逐漸成爲一門獨立的藝術，它那精細傳神的構圖可使觀眾獲得賞心悅目的美感。臉譜的造型有許多種，如：「整臉」、「三塊瓦兒」、「十字門兒」、「碎臉」、「神怪臉」等。臉的主色又代表人物的性格，如：紅色臉譜象徵忠正耿直、有血性；黑色臉譜象徵性格嚴肅、不苟言笑，同時又威武有力、粗魯莽撞；白色象徵奸詐多疑；綠色象徵驍勇暴躁等。

（3）對服裝的欣賞：京劇演員在舞台演出所穿的服裝，俗稱「戲衣」，梨園術語叫「行頭」。京劇中，不同行當、不同角色依據其身分地位，戲衣的穿著都各不相同，穿衣戴帽，都非常有講究。京劇舞台上的戲衣是以明朝服飾爲基礎，融合了金、元、清各民族的服飾逐步發展起來的，因此服裝品種繁多、色彩鮮豔，配上演員臉上的化裝，非常和諧漂亮，給人奪目的美感。

（4）欣賞京劇的伴奏藝術：京劇的鑼鼓、京胡伴奏是頗具特色的。鑼鼓以表演爲中心，對於配合演員動作相當重要，它在表現劇情、製造氣氛、誇張動作等方面有著很大的作用。有時劇場中演員還未出場或者尚未開腔，聽著京胡奏鳴，台下便會爆發出熱烈的掌聲，這是觀眾在爲京胡演奏者高超的技藝喝采。

（5）在欣賞京劇時應注意的問題：欣賞京劇時，除了要遵守我們在有關戲劇欣賞的文章中提出的一些要求外，還要注意一點：京劇的喝采。我們常常聽到在演員精彩表演之時或

之後，觀眾席上爆發出一陣叫「好」聲，這是京劇的一個特色，我們在欣賞京劇時要注意，不能胡亂叫「好」，首先必須真正演得精彩，讓人情不自禁；其次喝采時必須把握好時機，「唱、念」時要等到聲腔告一段落，即一段唱腔剛結束的刹那喝采；「做、打」一般是在演員亮相時喝采，對於較長而又異常精彩的「做、打」，也可到精彩處即喝采，如果叫得不得當，反而會貽笑大方。

（四）舞蹈欣賞

1. 欣賞舞蹈：舞蹈是一種以經過提煉、組織和藝術加工的人體動作為主要表現手段的藝術，它是一門最古老的藝術。在人類尚未發明語言的原始階段，遠古時代的先民們就以動作、手姿和面部表情為媒介來傳情達意，模擬自己的漁獵生活，這就是原始的舞蹈。當今，舞蹈的藝術形式繁多，有抒情舞、民族民間舞，有單人舞、雙人舞、三人舞、群舞等。

   （1）舞蹈的三個審美特徵：儘管舞蹈類別眾多，但有其共同的審美特徵，那就是抒情性、虛擬象徵性和綜合性。

   ・抒情性：舞蹈是一種表現性的藝術，它長於抒情而不善於敘事，重在作品的意境和人物情感的抒發，它是以美妙的舞蹈動作、舞蹈動作組合、手勢以及詩一般的激情和繪畫似的意境來反映社會生活、表現人們思想感情的一門「無言的藝術」。

   ・虛擬象徵性：這是舞蹈的另一個重要審美特徵。舞蹈中的人體動作是充滿著內在意義的許多符號，是一種象徵意義的活動，但這種虛擬和象徵是以生活為基礎，能概括而洗鍊地反映生活的本質，因而得到廣大觀眾承認和

讚賞。

　　．綜合性：它是以人體動作爲主要表現手段，同時綜合文學、音樂、美術和戲劇等藝術因素的一門綜合性藝術。

（2）鑑賞應以舞蹈語言爲基本依據：我們在欣賞民間舞蹈和舞劇時，應以舞蹈語言爲基本依據，結合音樂、服飾、道具、情節和情感等多方面去審視、體驗，去認識其曲線美、韻律美與詩情美。以廣泛人民群衆熟悉、喜愛的《獅舞》爲例，獅子雄壯的外貌和獅子的動作隨著鑼鼓的節奏或快或慢、或張或弛，有時如活動可愛的頑童，有時又像威風凜凜的壯士。那粗獷的動作、勇猛的氣勢、高難的動作（如：跨越時的跳躍，躍起時的騰轉，直立時的高舉，磨地時的翻滾等）顯示出獅子的勇敢、堅忍和靈活。它象徵著中華民族威武不屈、剽悍無畏的精神和樂觀、質樸、雄渾的風貌。舞的是獅子，卻舞出了人情，舞出了昂揚歡樂的精神風貌，觀衆無不爲其開朗的舞姿和樂觀的情緒所感染、所吸引。

（3）觀賞應充分發揮自己的綜合想像力：抒情性強烈的舞蹈藝術能引起觀衆的感情共鳴，從而滿足其審美需求。舞蹈十分講究形象、動作、線條、舞姿、旋律及其服飾的美，透過這些，來表現人的生活、理想、願望，給人美的享受。我們在欣賞舞蹈時，應特別注意體會舞蹈語言的抒情性。如：我國著名舞蹈家戴愛蓮創作的《荷花舞》就是一個抒情性很強的舞蹈，舞台深遠的天幕上映著藍天的雲，荷塘邊楊柳依依，一群荷花仙子身穿粉紅色的舞衣和淡綠色的舞裙，手執長紗巾，以輕盈安閒的「水上飄」步法從遠處姍姍而來，柔和委婉的舞姿飄逸若仙，美而不豔、含而不露的動人舞蹈創造了一種恬靜的意境，其優美的舞蹈形象

引發我們聯想起生活在和平美好、欣欣向榮的新中國幸福，激起我們對大自然、對祖國、對和平更加熱愛的感情。觀賞舞蹈，我們要善於發揮自己的綜合想像能力，從演員的表情、動作中去理解他們所抒發的感情——用語言難以表達的喜怒哀樂。此外，由於舞蹈具有很強的綜合性特徵，所以在欣賞時，不僅要有一般的舞蹈知識，還應該有一定的文化藝術修養，這樣才能充分運用想像、聯想、領悟等審美心理形成，「入乎其內」地去領略舞蹈美的真諦。

2. 欣賞現代舞：現代舞即自由舞蹈，它的創始人是伊莎多拉‧鄧肯。現代舞追求一種所謂抽象或半抽象的意境美，主要表現人的內心情感。即使是以歷史故事為題材的現代舞，它也不講具體故事內容，而是集中表達作者對歷史事件與人物的某種觀點。從形式上看，古典芭蕾舞有很嚴格和規範化的動作，而現代舞則不然，現代舞的舞蹈家強調自我發現，從自我出發尋找自己的動作語言，舞蹈的形式、表現方式與角度完全由編舞者根據內容和自己的愛好決定。此外，芭蕾舞的動作集中表現在腿部的變化上，而現代舞則要求舞蹈者運用全身來舞蹈。經過半個多世紀的開拓，現代舞正以不同的姿態與形象出現在觀眾面前。有的表演者愛好表現無憂無慮的美麗女神；有的則專門用舞蹈揭示社會與人的陰暗面；有的把舞蹈融入繪畫，舞台的每一空間就像一幅幅的畫，使舞蹈充滿了「繪畫性」；也有的把舞蹈與現代雕刻或文學、戲劇等結合起來，在舞蹈中顯示雕刻性、文學性或戲劇性。還有的演員透過對身體各部分肌肉的控制，並在不同感情的支配下，作出肌肉的各種收縮與伸張，還常常作出難度較大的各種跌倒與復起動作，這些動作不像其他舞蹈那樣講究圓潤，但它那直線般有棱角的動作所產生的舞

蹈效果，卻能給觀眾無限的美感。作為一個觀眾，應該怎樣欣賞現代舞呢？現代舞不像其他舞蹈那樣，把一個具體的感情內容送到觀眾的面前，它往往只表現一種概念上的內容或只給你一種啟示，以引起觀眾的思考與想像。有的現代舞節目，也許觀眾初看時會感到難以理解，但事後細細琢磨，就可能體會到其中的涵義。所以欣賞現代舞，除了用眼睛看、耳朵聽之外，還要求用腦子思考。由於現代舞追求的是抽象或半抽象的意境，因而它並不要求觀眾對節目都有一個統一的看法，觀眾也可以自由想像，正像你看一幅現代派繪畫家所繪的畫一樣。

三、其他娛樂活動

（一）時裝表演

會議參與人員，包括同行人員提供伴有午餐或雞尾酒會的時裝表演，這是增加與會者難忘經歷的一部分。時裝，作為當代人們生活方式的一個重要指標，越來越受青年們的重視。時裝表演，作為推廣時裝、指導消費的生動形象的手段，也跟著闖入了青年人的現代生活。

時裝表演是一門綜合性藝術，通常分三道程式：一、走秀：在特定的音樂環境下，時裝模特兒穿著新潮服裝繞場呈T形走開，亦可單獨或男女同步走場，旨在讓觀眾從走秀中看到服裝的特點。二、亮相：時裝模特兒有意識要從不同角度展示服裝各個部位的美。三、造型：旨在展示服飾的整體美感。時裝應呈現出最新的流行特點，根據會議組織者的資料，檢查使用時裝表演的頻率，不可太頻繁或重複，否則，可以更換其他活動形式，時裝表演可與當地時裝店或時裝表演機構聯繫。

（二）美容表演

對於一些女客人來說，能參觀和欣賞高技術的美容表演也是一種享受。多數大型的會議酒店都配有豪華先進設備和技術的美容廳，及專業美容師，可以安排日程提供美容和護理方面的展示和服務。

（三）模仿性演講

會議承辦單位可以利用現有的設施，為與會者提供練習演講的機會，演講的範圍和內容可以自擬，類似於唱歌所提供的卡拉OK一樣。

（四）品酒會

酒店為與會者或其他顧客安排品酒活動能增強和與會者的聯繫和感情。品酒一般是免費或優惠提供，這是酒店推銷酒品的最好時機。

（五）其他

會議文化娛樂活動很多，如：音樂會、表演、告別宴會、同行人員（配偶）的聯歡會、評選最佳賓客等。只要安排適當，就能收到吸引與會者的良好效果。

會議服務不僅是滿足會議要求，而且應滿足與會者會後閒暇時間的要求。這對常年從事某行單調工作的人員來說，換個環境或短暫的變換工作方式的確是有益的。

四、為與會者家屬提供娛樂服務

很多會議是家庭旅遊的好時機，與會者常常帶著配偶或孩子一同到會議目的地。他們或者提前到達或者延遲離開，一般住的時間較長，花費較多。所以，會議服務經理與會議組織者商量，可以將配偶安排作為會議服務的一個部分，會議承辦單位將準備好接待這些客人的服務，安排好專門的接待程序，並使他們過得愉快，當會議組織者

瞭解邀請配偶參加的價值時，會同會議承辦單位一道促使其參加。這項工作內容如下：

1. 向與會者提供酒店宣傳手冊和圖片，並郵寄包括：菜單、酒店活動項目單以及城市景點等材料。
2. 透過會議組織者向與會者成員寄發有關描述活動計畫的個人信件，並根據氣候提供衣著建議。
3. 建議會議組織者指定專人負責安排配偶及小孩的活動。
4. 會議承辦單位可以透過廣告宣傳來說明攜帶配偶參加的益處。

提供與會者家屬服務項目常見的有：

1. 文化活動：安排與會者同伴觀看當地戲劇和最新影片，參觀博物館和有關歷史古蹟等，以增加知識閱歷，陶冶情操，拓展視野。
2. 娛樂活動：組織參加具有民俗風情和鄉土氣息的旅遊、球類比賽、健身操、橋牌、自行車旅遊、滑雪、游泳、網球、高爾夫球等活動，以吸引參加會議的人。
3. 兒童活動：為兒童安排公園遊玩、逛動物園等兒童活動專案。

為與會者同伴安排活動時應注意：

1. 安排半天的活動比安排整天的好。
2. 活動安排應在會議前期或中期，不應安排在會議結束的日期前後，以免耽誤與會者的回程。
3. 如果晚上有會議，下午的活動應盡可能安排得短一些。

會議旅遊娛樂活動的組織管理

一、旅遊娛樂活動的組織

（一）制訂文化娛樂活動的組織日程

　　文化娛樂是會議期間的一種休息，日程安排不能太緊，但又不能太鬆，活動要有節奏把熱鬧節目放在後面，這些事先都要計畫好。文化娛樂的日程安排、行程路線的制訂，需考慮到會議活動的情況來安排觀光、休息時間等。

1. 要確定旅遊目的地：會議期間的旅遊性質是休閒放鬆，選擇旅遊目的地一是要選擇會議所在地具在知名度和影響力的風景區或文化娛樂場所，讓與會者增加閱歷和知識。二是要考慮旅遊時間的長短，一般會議常安排半天或一天的遊覽活動。

2. 旅遊中的時間掌握：把握好時間是文化娛樂活動安排中十分重要的問題。能否合理把握時間的分析，可以說是衡量一個文化娛樂計畫是否成功的標誌。掌握時間的前提，是要有周密的計畫。而制訂周密計畫的目的，在於合理地分配時間。如何才能合理地分配時間呢？

　　分配時間的基本原則包括：有張有弛、先張後弛：

   (1)「有張有弛」，是我們安排計畫的總原則。要保證文化娛樂在各方面都有取得滿意的結果，就必須有張有弛。人不是機器，要休息、要娛樂。過分的緊張，或只張不弛，其結果只能是因疲勞過度而失去「張力」。因此，我們在安排計畫的同時，要做到有張有弛。

（2）「先張後弛」，是旅遊者在完成旅遊計畫過程中，時時應該遵守的原則。這就要求我們在旅遊開始時緊張些，直到已經有把握按時完成計畫的時候，再把贏得的時間疏散回去，給自己造成一種精神上無拘無束的怡然狀態，相反，搞得前鬆後緊，使我們以一種疲憊不堪或是被意外事故搞得失魂落魄的狀態結束旅遊，勢必讓人感到厭倦，留下頹喪的記憶，從而破壞了旅遊的美感。

3.必要準備

（1）備用藥品：如：清涼油、仁丹、防感冒、止瀉、通便、防暈車的專用藥物。

（2）其他：攝影愛好者帶著照相機，喜歡繪畫者帶上畫筆，愛好文藝創作或文物研究者可帶上必要的資料、筆記本，如有望遠鏡也可帶著，另可帶些雜誌或書籍在路上看。

（3）旅遊目的地的資料：事先瞭解目的地的資料有助於增加旅遊效果。

（二）遊覽活動安排

為了使參觀活動順利進行並獲得成功，導遊員應認真準備、精心安排、熱情服務、生動講解。

1.出發前的工作

（1）作好必要的物質準備、核實餐飲落實情況，與司機聯繫。

（2）清點人數，發現有人未到，要與會議組織者聯繫尋找，若有人希望在飯店休息或外出自由活動，要將其情況通知組織者。總之，若有缺席者，一定要瞭解其原因並作妥善安排。

（3）提醒注意事項，要向出遊者預報天氣和遊覽點的地形、行

走路線等情況，要講明遊覽路線、所需時間、集合時間和地點；提醒顧客旅遊車的型號、顏色、標誌、車號和停車地點，以便旅遊者萬一離隊、脫隊時能準時到達集合地點。

2.旅途中的沿途導遊
（1）汽車離開飯店後，要向旅遊者再次說明當天的活動內容。
（2）風光導遊：利用時機地介紹沿途景物，回答旅客的問題。
（3）介紹遊覽目的地：快到目的地時，要介紹其概況，包括：歷史、形象、實體及傳聞等。講解要簡明扼要。目的是為了滿足與會者事先瞭解有關知識的心理，引起他們遊覽景點的欲望，也可節省到目的地後講解時間。
（4）如果旅途長，可以討論一些旅遊者感興趣的國內外問題，教遊客一些中文片語並提供唱歌等娛樂活動使氣氛更熱烈。

總之，旅途行進間的導遊風光處於觀賞之中。到現場後，要求現場導遊進行講解。

（三）社交娛樂活動安排
社交娛樂活動是會議文化娛樂活動的補充，豐富多彩的晚間活動安排有助於與會者消除疲勞，使一天的活動更加充實、圓滿。所以我們應該努力為與會者安排健康活潑、多姿多彩的晚間活動。

1.要統籌安排，避免重複。
2.避免低格調的文化娛樂活動。
3.在觀看文化娛樂演出前，演出若有劇情，可簡單介紹情節，演出結束後可幫助與會者回顧並回答他們的問題。
4.注意安全：在大型娛樂場所，應提醒與會者不要走散並注意他

們的動向和周圍環境的變化，以防不測。

二、旅遊娛樂活動的協調管理

會議組織者和會議承辦單位為了安排文化娛樂休閒活動，應做到如下幾點：

1. 主動爭取各方的配合，避免短視行為和本位主義。
2. 尊重各方的許可權和利益，在平等的前提下本著互利的原則進行合作，切忌干預對方的活動，侵害他方的利益。
3. 注意建立友情關係：要正確運用人情關係，努力使理性關係與人情關係統一起來。
4. 主動交流資訊和溝通思想：相互溝通是消除誤解、促進相互理解的重要途徑，是通力合作、提高工作品質的重要保證之一。
5. 敢於承擔責任：出現事故或矛盾，應責任分明，各方要勇於承擔應負的責任，不得相互推諉。

（一）與娛樂部門的協調

娛樂也屬於與會者的非基本需求，然而，在現代會展活動中作為知識、瞭解旅遊目的地的文化藝術已成為與會者日益普遍的要求。娛樂是會議活動的藝術內涵之一，特別是與會者的晚間文化娛樂活動，不僅可以消除與會者白天的緊張情緒，具有寓休息於娛樂中的效果，而且可以豐富、充實會議活動，藉文化交流的作用使整個會期錦上添花。這就要求會議組織者與主辦單位、娛樂部門建立必要的合作關係。一方面要保證按時獲得所需數量的入場券，包括：座位要求的滿足等。另一方面要獲得團隊的折扣，以保證會議支出的最小化。

（二）與參觀遊覽部門的合作

旅遊資源是旅遊活動的客體，參觀遊覽是與會者在會議期間旅遊活動最基本和最重要的內容。因此，與遊覽單位的合作關係也就顯得特別重要，包括：對景點門票、導遊、交通方面的落實。

（三）與餐飲部門的聯繫

對現代旅遊者來說，用餐既是需要又是旅遊中的莫大的享受。會議休閒活動安排要涉及到在旅遊景點及其附近用餐。餐館的環境、衛生，飯菜的色、味、形，服務人員的舉止與裝扮，餐飲的種類以及符合客人口味的程度等，都會影響與會者對會議活動的最終評價。必須事先與有關餐飲業建立合作的關係。

（四）與旅行社的合作

如果將會議團隊交給旅行社來組織活動，它就需要根據會議團隊的特點。有針對性的選擇旅行社。選擇信譽好，價格合理的旅行社。

三、旅遊娛樂過程中的安全管理

（一）文化娛樂過程中心理衛生

人的心理狀態與身體健康有密切關係。人們外出開會走出家庭小環境進入廣闊天地，周圍的一切迅速發生變化，使旅遊者產生複雜的心理狀態。這些心理變化常常是對人體不利的，如：過度興奮、緊張、恐懼、煩惱等。這些均會使人疲勞、失眠、食欲不振甚至使多種神經功能紊亂。因此，在文化娛樂活動過程中應避免各種不良精神刺激。

中國有句老話「出門靠朋友」外出參加會議，隨時隨地會與許多陌生人打交道，大家異地萍水相逢、性格各異，只有互相尊重、互相

謙讓、互相理解、互相幫助，才能歡聚一起、和睦相處。這樣良好的人際關係會使人產生良好的心理狀態。反之，與會者之間互不相讓，凡事必爭，必然會是非紛紜，這對自己或對別人都是惡劣地精神刺激，產生諸如憤怒、憎惡、厭煩等不良情緒。對任何一個與會者來說，在會議中遇到不順心的事總是會有的。這就需要從自己做起，與人為善，心平氣和地解決問題。

文化娛樂過程中要安排好作息時間，根據條件有計畫地遊覽，要有重點，別在短時間內什麼都想看一看，結果造成自己精神緊張、疲憊不堪。日常生活要有條理，自覺維護好環境衛生。清潔幽靜的環境對心理產生良好的影響。

另外還要時刻提高警惕，注意安全，避免成為竊賊下手的目標、受騙上當等，這都有利於避免產生驚恐、緊張、失望等不良情緒。

（二）保持文化娛樂過程中的身心健康

為了使文化娛樂活動自始至終過得輕鬆愉快、身心健康，必須從文化娛樂活動一開始就注意以下幾點：

1. 文化娛樂計畫要合理，量力而為。特別要注意勞逸結合，避免過度勞累，過分緊張。
2. 飲食起居要能達到休養生息的目的。食物要新鮮多樣，能引起食慾；住宿要整潔安靜，使人容易入眠，以利於消除疲勞、恢復體力。

（三）注意旅遊中的衛生與安全

旅行無論是乘車、坐船、或者是在酒店用餐，在一定的空間內人數相對比較集中，人與人之間的接觸比較頻繁，並且由於旅行中人的流動性大，可多次與不同的人群接觸，因此傳染病的預防是十分重要的。

旅行中暫時停留地點，與陌生人之間的接觸比較頻繁，要注意預防傳染性傷寒、副傷寒、痢疾、傳染性肝炎、胃腸炎等腸道傳染病。在此條件下，不要喝生水或未經煮沸的水，儘可能少用公共茶具和餐具。床上用品力求清潔，並注意不與口、鼻接觸。儘可能不用公共毛巾、浴巾。如果發現旅館有臭蟲、跳蚤等病媒生物，立即請服務員採取清潔措施。

有些人容易因車、船顛簸，座位、座艙（臥艙）狹窄、柴油味或汽油味而感到眩暈、噁心以至嘔吐。有暈車、暈船、暈機病史的人，可以在開船或乘機半小時前口服暈海寧之類的鎮靜劑，必要時應閉目躺臥。一般稍有不適感時，要有意識地不要亂看搖晃的景物，如：波濤、附近的船舶、搖擺桅杆、起伏的地平線等，隔一些時間閉目養神。注意不要低頭看書寫字，不宜吃油膩的食物，不能過飽（一般吃七分飽），這樣可以減輕或避免發生眩暈、嘔吐。

暈車、暈船的人乘坐車船應儘可能地坐在車船的中部靠窗口的地方，因車、船頭、尾部比較顛簸。

有人在秋冬、冬春之交替，容易感冒或引起氣管炎等疾病發作，旅行時由於車、船、飛機的迅速移動，人感受到的氣候變化更為迅速而突然，而且由於旅途中比較疲勞，抵抗力比平時要低，這就容易感受風寒或中暑。晚上由於新陳代謝減慢，相應地帶上合適的衣服和雨具。

不要看當地人穿什麼，自己也穿什麼，要根據個人冷暖增減衣服，因為初到一個地方的人和當地居民的冷暖感覺是不同的。

四、旅遊娛樂活動的開支管理

會議文化娛樂活動的開支要有計畫。會議期間文化娛樂活動一般是在會議前期做好安排，並編制預算，一般都計算在會務費或其他會

議收費中。所以無論是參觀遊覽，還是娛樂活動都要按計畫進行。另外，對於景點門票或娛樂活動要講明哪些是統一安排，由會務組開支；哪些是自費專案，由個人喜好自由參加，具體包括以下幾項：

1. 交通費：會議團外出遊覽，文化娛樂活動過程中所發生的交通費用。包括：包車費、司機小費等。
2. 景點門票或文化娛樂活動場地費等。
3. 途中的飲料、餐費（景點用餐或外出用餐）。
4. 導遊小費。
5. 不可預期的費用。

收支管理不僅是控制會議支出的必要手段，而且是文化娛樂活動安排成功的保證。

後記

當今，世界正以前所未有的速度變化著。現代資訊技術革命，加速了經濟全球化進程和知識經濟時代的到來，一方面造成人們工作、生活方式的改變；另一方面導致企業生產、經營活動的變革。這些變化使相互間的商貿、文化、政治的交流越來越頻繁，各種類型的會議不斷增長。會議提供了人們交流聚會的機會，增加了相互之間的信任；會議提供了人們表達自己的意願和觀點的環境，使人們得以認識自己在整個社會中的作用和價值；會議同時也促進了商貿和經濟的發展。鑑於以上原因，會議業有了空前發展，並具有巨大的市場潛力。這正是吸引酒店業紛紛加入到會議市場競爭中來的原因。酒店將會議作為一個整體消費團體來經營，與經營傳統商務客、觀光客相比具有涉及部門多、人數眾多、利潤豐厚等特點；然而會議接待水準直接影響整個酒店的收益，是一項複雜的系統工程。《酒店會議經營》一書的編寫，目的是讓酒店能全面掌握會議消費特徵及科學的會議接待方法，提高酒店各部門的盈利能力和整體收益水準。

《酒店會議經營》共十一章，系統分析和介紹了酒店會議市場及產品特徵、酒店會議產品的銷售與出租、會議服務人員配備與會議接待、會議餐飲及休閒活動等內容。本書具有資料新、內容全、實用性強等特點。

在本書編寫過程中，作者廣泛深入到各地幾種不同類型的酒店進行調查研究，得到了各酒店大力支持，在此一併表示感謝。

由於本書是我國第一部有關酒店會議經營方面的書籍，書中疏漏和不足之處在所難免，希望廣大實務界和學術界的朋友提出寶貴意見，使本書不斷充實完善。

吳克祥

酒店會議經營　　　　　　　　　　餐旅叢書

著　　　者☞ 吳克祥、周昕

出 版 者☞ 揚智文化事業股份有限公司

發 行 人☞ 葉忠賢

責任編輯☞ 賴筱彌

執行編輯☞ 吳曉芳

登 記 證☞ 局版北市業字第 1117 號

地　　　址☞ 台北縣深坑鄉北深路 3 段 260 號 8 樓

電　　　話☞ （02）26647780

傳　　　真☞ （02）26647633

印　　　刷 鼎易印刷事業股份有限公司

初版三刷☞ 2007 年 10 月

ＩＳＢＮ☞ 957-818-347-X（平裝）

定　　　價☞ 新台幣 400 元

網　　　址☞ http://www.ycrc.com.tw

E-mail ☞ tn605541@ms6.tisnet.net.tw

☝本書經由遼寧科學技術出版社授權發行。

國家圖書館出版品預行編目資料

酒店會議經營／吳克祥，周昕編著. --初版.
--台北市：揚智文化, 2002[民 91]
面 ； 公分. --（餐旅叢書）

ISBN 957-818-347-X（平裝）

1.旅館業 － 管理

489.2   90018420